Eckhard Fuhr

Rückkehr der Wölfe

Wie ein Heimkehrer unser Leben verändert

W0087292

GOLDMANN

Bildnachweis für die Fotos im Bildteil:
Sebastian Koerner/lupovision.de: 4, 8, 9
NDR/Bildautor S. Koerner: 2, 5, 6, 14
Sebastian Koerner/NDR-Naturfilm: 1, 3, 7, 10, 11, 12, 13

 Dieses Buch ist auch als E-Book erhältlich.

MIX
Papier aus verantwor-
tungsvollen Quellen
FSC® C014496

Verlagsgruppe Random House FSC® N001967

1. Auflage
Taschenbuchausgabe Mai 2016
Wilhelm Goldmann Verlag, München,
in der Verlagsgruppe Random House GmbH
Copyright © 2014 der deutschsprachigen Erstveröffentlichung
by Riemann Verlag, München,
in der Verlagsgruppe Random House GmbH,
Neumarkter Str. 28, 81673 München
Umschlaggestaltung: UNO Werbeagentur, München,
unter Verwendung von Motiven von
© FinePic®, München
Lektorat: Ralf Lay, Mönchengladbach
Bildredaktion: Dietlinde Orendi
DF · Herstellung: Str.
Druck und Einband: GGP Media GmbH, Pößneck
Printed in Germany
ISBN: 978-3-442-15898-0
www.goldmann-verlag.de

Besuchen Sie den Goldmann Verlag im Netz

Für Julia, Jakob und Luise.

Inhalt

Prolog:
Auf den Wolf gekommen

Die Herbstsonne stand schon am Himmel. Der Hirsch, der im Morgengrauen auf der Lichtung geäst hatte, war längst in den Wald gezogen. Seit Stunden saßen wir regungslos in unserem Versteck, eingepackt in zottelige Tarnanzüge, in denen es uns jetzt mehr als wohlig warm wurde. Meinen ersten Wolf sah ich, als ich mir hinter der Gesichtsmaske den Schweiß aus den Augen gerieben hatte. Die Nase am Boden, kam er genau dort aus dem Wald, wo vor einer Stunde der Hirsch verschwunden war. Er hatte es nicht eilig, und er überquerte die Wiese auch nicht besonders zielstrebig. Wie ein schlechtgelaunter Teenager trödelte er in den Tag hinein. Etwa ein halbes Jahr alt musste der im Frühjahr geborene Jungwolf sein. Der dunkle, graubraune Winterbalg, den er früh angelegt hatte, ließ ihn älter erscheinen. Das Wölfchen wirkte schon wie ein Wolf. Nach einigen Minuten folgte ihm ein zweiter.

Als die Bühne leer war, löste sich meine Benommenheit, Zivilisationsgeräusche drangen an mein Ohr. Wir waren im Lausitzer Braunkohlerevier auf die Wolfspirsch gegangen, nicht weit vom Kraftwerk »Schwarze Pumpe«. Mein Begleiter, der Biologe und Tierfilmer Sebastian Koerner, packte Kamera und Stativ zusammen. Für ihn sind solche Wolfsbeobachtungen nichts Spektakuläres. Hundertmal hatte er solches erlebt. Ein Großteil der Filmaufnahmen, die es von wildlebenden Wölfen in Deutschland gibt, stammt von ihm. Für mich war der Anblick der Wölfe im Morgenlicht der Anstoß, die Arbeit an diesem Buch endlich zu beginnen.

Ich wollte deutsche Wölfe mit eigenen Augen gesehen haben, bevor ich über sie schreibe. Nicht dass ich an ihrer Existenz gezweifelt hätte. Aber ich dachte mir, dass man sich mit einem eigenen Bild im Kopf sicherer in einem Gebiet bewegt, wo Zerrbilder, Wunschbilder oder Phantombilder besonders üppig gedeihen. Und ich wollte natürlich auch wissen, ob eine Begegnung mit Wölfen tatsächlich ein so aufwühlendes, ja erschütterndes Erlebnis ist, wie es vielfach geschildert wird.

Nahe war ich den Wölfen schon öfter gekommen. Doch gezeigt hatten sie sich mir noch nie. Bei einer winterlichen Jagd auf dem niedersächsischen Truppenübungsplatz Munster, wo 2012 ein Wolfspaar Junge aufzog und damit ein Rudel begründete, liefen die Wölfe durchs Treiben. Von vielen Jagdteilnehmern wurden sie gesehen. Bei mir kamen sie nicht vorbei, obwohl ich auf dem Weg zu meinem Stand zahlreiche Wolfsfährten im Schnee gefunden hatte. Sollte mein Stöberhund Kontakt zu den Wölfen gehabt haben, war der friedlich verlaufen, denn Viko fand sich wohlbehalten bei mir ein, wenn auch erst Stunden nach Ende der Jagd.

Bei einer sommerlichen Wolfspirsch auf dem Truppenübungsplatz Altengrabow in Sachsen-Anhalt kam ich immerhin in Hörweite der Wölfe. Klaus Puffer, Förster und Wolfsbeauftragter des für den Wald auf dem Militärgelände zuständigen Bundesforstbetriebs, hatte mir eine Ansitzleiter in der Nähe eines kleinen Tümpels zugewiesen, wo er oft schon spielende Welpen beobachtet hatte. In den langen Stunden bis Sonnenuntergang zeigte sich noch nicht einmal ein Wildschwein. Gerade wollte ich mich zu dem vereinbarten Treffpunkt auf den Weg machen, als mich ein dumpfes, dann schnell anschwellendes Heulen erstarren ließ. Ein zweiter Wolf fiel ein. Zweistimmig schraubte sich das Heulen des Paares in die Höhe. Drei-, viermal wiederholte sich das, bis ein vielstimmiges gellendes Winseln den Wolfschor vervollständigte. Die Familie absolvierte ihr Begrüßungsritual, gleich nebenan, so kam es mir vor. Aber mit den Augen erwischte ich nicht einmal die Schwanzspitze eines Wolfes. In der Lausitz erst, wo das deutsche Wolfswunder um die Jahrtausendwende herum seinen Anfang nahm, sollte es so weit sein. Am meisten beeindruckte mich die Gelassenheit der Wölfe. Die Begegnung mit ihnen war kein Erweckungserlebnis, sondern eine Ernüchterung im besten Sinne: Die Wölfe selbst sind das klare Kontrastprogramm zu den Hysterien, die sie bei ihren menschlichen Zeitgenossen mitunter entfachen.

Es ist allerdings schwer, nüchtern zu bleiben bei der Beschäftigung mit Wölfen. Wie kein anderes Tier findet der Stammvater unserer Hunde direkten Zugang zu unseren Emotionen. Menschen und Wölfe waren, seit sie sich in den eiszeitlichen Steppen Eurasiens begegneten, aufeinander bezogen. Sie teilten denselben Lebensraum, jagten dieselben Beutetiere, wendeten gleiche Jagdstrategien an, ähnelten sich in ihrem Sozialverhalten und entwickelten deshalb ein »Verständnis« füreinander, das es so in keiner anderen Mensch-Tier-Beziehung gibt. Wir werden uns noch ausführlich mit der Frage befassen, was das für die menschliche Kulturentwicklung bedeutet. Offensichtlich ist jedenfalls, dass es um Elementares geht, wenn der Wolf wiederauftaucht. Er lässt niemanden gleichgültig. Die Zehntausende von Jahren während Sonderbeziehung zwischen Mensch und Wolf erklärt die gewaltige Resonanz, die seine Rückkehr in die mitteleuropäische Kulturlandschaft findet. Es gibt noch andere solcher Rückkehrer, etwa den Biber, den Seeadler, den Luchs, die Wildkatze oder die Kegelrobbe, deren Anwesenheit nicht folgenlos bleibt für Landwirtschaft, Jagd oder Fischerei. Aber keiner polarisiert so wie der Wolf, um keinen gibt es ein solches Geschrei. Der Wolf ist zum medialen Megastar geworden. Naturnutzer wie Schafhalter oder Jäger stellt er vor manchmal schwer lösbare Probleme. Naturschützer feiern seine Rückkehr als Erfolg des Artenschutzes und können doch ihre Verblüffung über die stürmische Wiederausbreitung dieser in den meisten Ländern Europas offiziell immer noch vom

Aussterben bedrohten Art nicht verbergen. Naturromantiker begrüßen den Wolf als Boten angeblich unberührter Wildnis und übersehen dabei gern, dass es nicht die bei uns ohnehin nicht mehr vorhandene Wildnis ist, die den Wolf anlockt, sondern die durch intensive Landwirtschaft auf einen historischen Höchststand gefütterten Populationen seiner Beutetiere, vornehmlich Reh, Rothirsch und Wildschwein. Städter lieben den Wolf mehr, als das die Landbevölkerung tut, die ihn zum direkten Nachbarn hat. Ältere hegen ihm gegenüber größere Bedenken als Jüngere. Der Osten Deutschlands – Sachsen, Sachsen-Anhalt, Brandenburg, Mecklenburg-Vorpommern – wird in wenigen Jahren flächendeckend vom Wolf besiedelt sein. Im Süden und Westen ist er bislang nur zeitweiliger Gast, das aber immer öfter. Die westlichsten Rudelterritorien liegen – Stand 2014 – in der Lüneburger Heide.

Ost und West, Stadt und Land, Schützen und Nutzen, Natur und Kultur – man muss diese Polaritäten nur aufrufen, um zu verstehen, was einen Journalisten, der sich seit Jahrzehnten vornehmlich mit Politik und Kultur in Deutschland befasst, am Wolf interessiert. Wenn man dann noch bedenkt, dass dieser Journalist ebenfalls seit Jahrzehnten leidenschaftlicher Jäger und Hundefreund ist, dann wird man sich nicht mehr darüber wundern, dass am Wolf für ihn kein Weg vorbeiführt.

Wir leben nicht mehr wie unsere steinzeitlichen Vorfahren in einer animistisch belebten Natur. Unsere Beziehungen zu Tieren sind oft eher sentimental als spirituell.

Der Wolf aber, dieses uralte Gegenüber, stellt uns auch heute noch die Frage, wer wir sind und welche Rolle wir beanspruchen in dem, was die einen Schöpfung, die anderen Natur und wieder andere Biosphäre nennen. Die Wölfe eröffnen uns die Chance, in unserem Naturverständnis klüger, ehrlicher und realistischer zu werden.

Aufmerksam auf die Wölfe wurde ich bald nach der deutschen Wiedervereinigung. Im Mittelpunkt meiner journalistischen Arbeit standen zwar die politischen, gesellschaftlichen und kulturellen Folgen dieser Zeitenwende. Aber gewissermaßen aus dem Augenwinkel nahm ich doch wahr, dass sich auch in der Natur so etwas wie eine Wende anbahnte. Anfang der Neunzigerjahre häuften sich die Berichte über Wölfe, die aus Polen kommend bis in die Nähe der alten und neuen Hauptstadt Berlin vordrangen und auf dem Autobahnring zu Tode kamen. Auch geschossen wurden zuwandernde Wölfe immer wieder, obwohl seit dem 3. Oktober 1990 in der ehemaligen DDR das deutsche und europäische Naturschutzrecht galt, nach dem der Wolf eine streng geschützte Art ist, für deren Erhaltung und Förderung sich die Politik aktiv einsetzen muss. Als ich damals in der *Frankfurter Allgemeinen Zeitung* meinen ersten Artikel über die Rückkehr der Wölfe schrieb – Überschrift: »Die Wölfe kommen« –, erklärte mich mancher Leserbriefschreiber zum Spinner. Genauso gut hätte man behaupten können, die Deutschen wollten die Monarchie wieder einführen oder bekämen ihre Kolonien zurück.

Für die große Mehrheit der Deutschen war vor zwanzig Jahren die Vorstellung, ihr Land könnte wieder von

14

Wölfen besiedelt werden, schlicht abwegig. Man stand doch an der Schwelle zum 21. Jahrhundert und erlebte gerade die Anfänge einer digitalen Revolution. Wölfe gab es seit mehr als hundert Jahren in Deutschland nicht mehr. Die letzten ihrer Art in den Vogesen, in der Eifel oder in Sachsen wurden um 1900 erlegt. Schon das waren nur noch versprengte Einzeltiere und Durchwanderer. Gut, in Ostpreußen waren sie nie gänzlich verschwunden. Aber wie lange schon war das alte Ostpreußen versunken? Nein, Wölfe passten einfach nicht in die Zeit.

Die Wölfe sahen das anders. Als hätten sie einen Sinn für historische Dramaturgie, begannen sie ihre Landnahme westlich von Oder und Neiße just in dem Moment, in dem Parlament und Regierung ihre Arbeit in Berlin aufnahmen und sich der Fokus politischer und kultureller Öffentlichkeit vom Rhein an die Spree verschob. Die Veröstlichung Deutschlands und die Verwestlichung der Wölfe trafen zusammen, als ein Wolfspaar auf dem Truppenübungsplatz Muskauer Heide in der sächsischen Oberlausitz im Frühjahr 2000 Welpen großzog, nach mehr als einem Jahrhundert die ersten in Deutschland geborenen Wölfe. Und die ersten Wölfe überhaupt, die offiziell willkommen waren. Nicht mehr ihre Ausrottung, sondern die Aussöhnung mit ihnen stand plötzlich auf der politischen Agenda. Hundertfünfzig Jahre lang hatte kein Wolf eine Überlebenschance in Deutschland. Nun warteten überall Empfangskomitees auf ihn. Kein Umweltminister kann es sich leisten, nichts für den Wolf zu tun. Bundesländer, in denen Wölfe noch nicht regelmäßig vorkommen, werden zu Wolfserwartungsländern erklärt, damit an Runden Tischen und auf Bürgerversammlungen Wolfsmanagementpläne verhandelt werden können. Wem es gelingt, Naturschutzverbände und Jäger, Tierschützer und Landwirte im Wolfsmanagement zusammenzuspannen, der hat sein artenschutzpolitisches Meisterstück geliefert. Jeder zuständige Minister möchte diese Urkunde im Amtszimmer hängen haben.

Verwunderlich ist das alles nur auf den ersten Blick. Wenn man in die Geschichte zurückschaut, wird einem schnell klar, dass der Wolf immer für Haupt- und Staatsaktionen gut war. Er war, bei Römern und Türken etwa, in die Gründungsmythen großer Reiche eingeschrieben. Im christlichen Abendland aber diente er, wenn Hunnen, Muselmanen, Ungarn oder Slawen gerade nicht zur Hand waren, als Feind, gegen den kirchliche und weltliche Herren die göttliche Ordnung oder die moderne Zivilisation verteidigten. Wir werden noch sehen, wie sich von Karl dem Großen bis Napoleon dieses Motiv des Krieges gegen die Wölfe als Mittel der imperialen Durchdringung Europas spannte. Vor allem nach großen Verheerungen wie dem Dreißigjährigen Krieg oder den napoleonischen Kriegen, in Zeiten also, in denen die Wölfe sich verbreiten konnten, weil die Menschen damit beschäftigt waren, sich gegenseitig umzubringen, ging die Wiederherstellung staatlicher Ordnung einher mit Vernichtungsfeldzügen gegen die Wölfe. Noch nach den Weltkriegen des 20. Jahrhunderts zeigte sich dieses Muster, auch wenn die Jagden nur noch einzelnen Tieren galten.

Heute haben sich diese Verhältnisse umgekehrt. Funktionierende Staatlichkeit erweist sich nicht mehr in der Fähigkeit, den Wolf zu vernichten. Im Gegenteil: Der Staat muss beweisen, dass er den Wolf schützen, dass er gesellschaftliche Akzeptanz für ihn schaffen und widerstreitende Interessengruppen auf dem Weg des Kompromisses zusammenführen kann. Überall in Europa erobern Wölfe mit stürmischem Elan angestammte Lebensräume zurück. Zum ersten Mal in geschichtlicher Zeit unternehmen die Europäer nichts dagegen. Das ist für beide Seiten etwas völlig Neues. Was daraus wird, ist offen. Ich halte mich selbst nicht für einen Wolfsromantiker. Aber ich muss zugeben, dass mich Weniges so sehr fasziniert wie dieses Experiment. Der Nachbar Wolf ist für mich Teil jenes europäischen Traums, der seit 1989 mühsam und mit Rückschlägen, aber eben doch Stück für Stück Wirklichkeit wird. Ohne den Wolf wäre Europa ärmer.

Letzte Wölfe

»Seine Vorsicht und Schnelligkeit spotteten allen Nach-
stellungen«, heißt es in einem Zeitungsbericht über die
Erlegung des »Tigers von Sabrodt« vom 28. Februar 1904.
Jahrelang hatte dieser Wolf in der Lausitz seine Verfolger
genarrt. Doch nun zog sich die Schlinge zu: »Nachdem er
in letzter Zeit wiederholt gespürt worden war«, fährt der
Bericht fort, »meldete am Sonnabend Herr Revierförster
Dommel in Neustadt der Königlichen Oberförsterei sichere Anzeichen seiner Anwesenheit, worauf sofort eine
große polizeiliche Jagd veranstaltet wurde. Der frisch gefallene Spurschnee ermöglichte es, der Fährte des Tieres
zu folgen, zahlreiche aufgebotene Wagen brachten Schützen und Treiber schnell der Spur nach, sodass es am
Nachmittag gelang, das Raubtier auf Revier Tschelln ein-
zukreisen. Herr Oberförster Dutmer-Bohla kam zum
Schuss und verwundete es, jedoch wohl nicht tödlich,
weil er auf eine große Entfernung schoss. Die verwundete
Bestie wandte sich nach einer offenen Fläche, wo Herr

Förster Brehmer-Weißkollm auf etwa 30 Meter sie glück- lich traf. Das Tier flüchtete noch bis zu einem nahen Di- ckicht, wo man es bald verendet fand.« Die Jagdzeit- schrift *Wild und Hund* kommentierte diese erfolgreiche Wolfsjagd mit Genugtuung: »Seit nunmehr 100 Jahren ist in der Lausitz im Herzen Deutschlands kein Wolf mehr geschossen worden, und heute, oder vielmehr am 27.2.1904, wird eine solche Bestie, die nachweislich fünf Jahre ihr Dasein gestiftet hat, ebendort zur Strecke ge- bracht. Dass vier Jahre vergehen mussten, ehe man dem Satan das Handwerk legte, das ist unverzeihlich. Nun ist Gott sei Dank Ruhe, und den Erfolg werden wir recht bald an unserem Wildstand merken.«

Der als »Tiger von Sabrodt« berühmt und berüchtigt gewordene Wolf war eine Wölfin, eine recht kräftige, wenn man den zeitgenössischen Berichten glaubt. Ihre Körperlänge betrug 160 Zentimeter, die Schulterhöhe 80 Zentimeter. Sie wog 41 Kilogramm. Ihr Kadaver wurde im Schützenhaus von Hoyerswerda ausgestellt. Förster Brehmer aus Weißkollm erhielt eine Abschussprämie von 100 Mark. Über das Revier Tschelln, in dem dieser – vor- erst – letzte deutsche Wolf zur Strecke kam, ist der Noch- tener Braunkohletagebau hinweggegangen, in dessen Nachfolgelandschaften längst wieder Wölfe heimisch sind. Der »Tiger« steht heute noch ausgestopft im Stadt- museum von Hoyerswerda, das im Schloss untergebracht ist. Das etwas abgenutzt wirkende Präparat tritt dem auf Wolfsspuren Reisenden – die Lausitz erhofft sich man- ches von solchem Tourismus – heute als eine Art *Memen-*

to Lupi entgegen. »Bedenke, Mensch«, sagt es, »dass auf die letzten Wölfe die ersten Wölfe folgen, die wiederkommen.« Hundert Jahre Abwesenheit sind nichts in der langen gemeinsamen Geschichte von Mensch und Wolf.

Weil die Wiederbesiedlung Deutschlands durch die Wölfe in der Lausitz begann, gewann die 1904 dort erlegte Wölfin als »letzter deutscher Wolf« einen etwas überhöhten Status. Es war eben eine zufällige symbolische Fügung, dass die wölfische Renaissance genau dort ihren Ausgang nahm, wo der Ausrottungsschlusspunkt gesetzt worden war. In der Sache muss man die Aussage, bei Hoyerswerda sei 1904 der letzte deutsche Wolf geschossen worden, jedoch relativieren. Sie trifft nur für das Territorium der heutigen Bundesrepublik zu. Im Elsass, damals dem Deutschen Reich zugehörig, wurden 1911 die letzten Wölfe geschossen. Und aus Ostpreußen konnten sie wie gesagt trotz heftigster Bekämpfung nie völlig verdrängt werden.

Die zweite Einschränkung, die gemacht werden muss, ist zeitlicher Natur. Das heutige Deutschland war nach den Schüssen des Försters Brehmer im Revier Tschelln nur bis zum Ende des Zweiten Weltkrieges wolfsfrei. Nachkriegszeiten waren immer Wolfszeiten. Und so tauchten nach 1945 Wölfe, wenn auch nur vereinzelt, in Deutschland westlich von Oder und Neiße auf. Sie wurden alle erlegt. Die Szenen wiederholen sich. Wie ein halbes Jahrhundert zuvor in der Lausitz versetzen einzelne Tiere ganze Regionen in Aufregung. Wilde Spekulationen und martialische Namen für die »Untiere« machen die

Runde. Dass ein umherziehender Wolf etwas Normales ist, passt nicht in die Vorstellungswelt der Deutschen im 20. Jahrhundert. Auf groß angelegten Jagden rückt man den Wanderwölfen aus dem Osten zu Leibe. Mit dem Tod des Wolfes sind Ordnung und Normalität wiederhergestellt. Aufbewahrt sind die Erinnerungen an solche Ereignisse in Heimatmuseen und den Schriften von Lokalhistorikern. Oft künden auch Erinnerungssteine von diesen Wolfsjagden.

Einer der jüngsten steht nahe bei dem Fläming-Ort Mehlsdorf im südlichen Brandenburg. Hier erlegte am 24. März 1961 der Genossenschaftsbauer Werner Schmidt, Mitglied des Jagdkollektivs, den »Würger von Ihlow«, benannt nach einer benachbarten Ortschaft. Ausführlich geschildert werden diese und andere Wolfsjagden in der vom brandenburgischen Umweltministerium herausgegebenen Broschüre *Wölfe in Brandenburg – Spuren im märkischen Sand.* Der »Würger« hatte im Winter 1960/61 die ländliche Bevölkerung in den Kreisen Herzberg, Jessen, Luckau, Liebenwerda und Jüterbog beunruhigt. Es machte das Gerücht die Runde, ein entlaufener Zirkuslöwe vergreife sich am Weidevieh. Man zog Professor Wolfgang Ullrich, den prominenten Direktor des Dresdner Zoos, zurate, der die Spuren und Risse einem Wolf oder wildernden Hund zuordnete. Am 24. März schließlich wurde das Tier im Mehlsdorfer Busch gesichtet. Jäger, Volkspolizisten und Treiber umstellten das mit viel Schilf bewachsene Gebiet. Werner Schmidt traf auf den Wolf und tötete ihn mit mehreren Schüssen aus seiner Schrotflinte, einen stattlichen Rüden von 85 Zentimeter Schulterhöhe und 70 Kilogramm Gewicht. Kaum passte er in den Kofferraum des Trabis. Die Bevölkerung feierte den Jagderfolg. In Ihlow wurde ein Wolfsball gegeben. Der »Würger« kam ausgestopft ins Heimatmuseum von Jüterbog.

Nicht nur der Osten, auch der Westen hatte nach dem Zweiten Weltkrieg seine Wolfsgeschichten. Die bekannteste ist die des »Würgers vom Lichtenmoor«, der 1947/48 in der Lüneburger Heide um Fallingbostel hundert Schafe und 58 Rinder riss, wobei nicht ganz klar ist, ob die wirklich alle auf sein Konto gingen. Es könnte sich zum Teil auch um makabre Formen von Schwarzschlachtung gehandelt haben, wie Utz Anhalt in seinem Buch *Wolf und Mensch* andeutet. Auch hier dachte man zunächst nicht an einen Wolf. Ein Bauer wollte einen Löwen gesehen haben, worauf der Tierpark Hagenbeck einen erfahrenen Großwildjäger in die Heide schickte, was im besetzten Deutschland so kurz nach dem Krieg ein durchaus bizarrer Vorgang gewesen sein muss. In der von dem Großwildjäger gestellten Falle fing sich allerdings nur ein Dachs, was die Gemüter nicht beruhigen konnte. Eine Lokalzeitung schrieb: »Der Würger ist überall. Mägde weigern sich, allein auf die Weiden zu gehen, die Bauern bewaffnen sich mit Knüppeln.« Schließlich ordnete die britische Militärregierung eine Treibjagd an, für die deutschen Jägern drei Jahre nach Kriegsende sogar wieder Schusswaffen ausgehändigt wurden. Das Aufgebot von 1500 Treibern war gewaltig. In einem Getreidefeld trafen britische Soldaten auf das Untier und eröffneten das Feuer. Obwohl von Kugeln durchsiebt, brach es nicht zusammen.

Es handelte sich um einen ausgestopften Löwen, den zwei Reporter aus Hannover aufgestellt hatten. Die niedersächsische Landeshauptstadt war damals eine deutsche Zeitungsmetropole. Die neu gegründeten Magazine *Spiegel* und *Stern* hatten hier ihren Sitz. Aggressiven Boulevardjournalismus bot das Wochenblatt *Die Straße*. Man war nicht zimperlich, wenn es darum ging, die britische Militärregierung vorzuführen. Das für die Briten peinliche Detail mit dem ausgestopften Zirkuslöwen wurde damals in der umfangreichen Berichterstattung über die größte Treibjagd, die Niedersachsen bis heute erlebt hat, jedoch nicht erwähnt. So weit reichte der Journalistenmut vor Besatzerthronen denn doch nicht. Erst die Wochenzeitung *Die Zeit* deckte den bösen Löwenscherz sechzig Jahre nach dem Geschehen auf. Am 27. August 1948 schoss dann ein Jäger ganz unspektakulär vom Hochsitz aus einen großen Wolfsrüden. Danach hörten die Viehrisse auf. Sie hatten allerdings schon nach der Währungsreform nachgelassen, als man Fleisch wieder kaufen konnte. Möglicherweise richtete der Wolf, der zwanzig Jahre später einmal für kurze Zeit durch die Lüneburger Heide streifte, größeren Schaden an. Wie Wolf Herre im Wolfskapitel von *Grzimeks Tierleben* berichtet, hatte die Nachricht vom Auftauchen dieses Wolfes gravierende Folgen für das Gastgewerbe. Tausende Feriengäste bestellten ihre Zimmer ab.

Im Jargon der Mediengesellschaft könnte man sagen, dass die Zeugen solcher Wolfsepisoden des 20. Jahrhunderts sich vorkamen, als seien sie »im falschen Film«. Diese späten Wolfsjagden waren gewissermaßen Nachhutgefechte eines Krieges, der eigentlich schon seit einem Jahrhundert beendet war. Den Zeitgenossen war der Zusammenhang mit diesem Hauptgeschehen nur noch schemenhaft klar. Sie empfanden das Auftauchen von Wölfen ganz einfach als unzeitgemäß, als einen Rückfall in eine längst überwundene Vergangenheit, an die es im kollektiven Bewusstsein höchstens noch undeutliche Erinnerungen gab. Dass Wölfe zum harten Alltag des bäuerlichen Lebens gehörten, war seit drei, vier Generationen vergessen. Denn der finale Ausrottungskrieg gegen die Wölfe in Mitteleuropa war letztlich schon durch die Französische Revolution eingeläutet worden. Die in ihrem Gefolge entstehenden modernen Staaten verfügten zum ersten Mal in der Geschichte über die technischen und administrativen Mittel, den Wölfen wirklich nachhaltig zu Leibe zu rücken. Der französische Kaiser Napoleon modernisierte die mit tausendjähriger Geschichte auf Karl den Großen zurückgehende Institution der *louveterie*, eines flächendeckenden Netzes von Wolfsjägern. Der fränkisch-römische Kaiser hatte im Jahre 813 seine Grafen angewiesen, Wolfsjäger, *luparii*, zu bestellen, um die Wölfe systematisch zu bekämpfen. Die *louveterie* hatte unter den französischen Königen jahrhundertelang Bestand und entwickelte sich zu einer Art Orden. Napoleon erneuerte nach tausend Jahren ihren operativen Auftrag und wies die Präfekten an, in jedem Département zwei professionelle Wolfsjäger zu ernennen. Wenige Jahre später, Napoleon war geschlagen, setzte auch Preußen zum Vernichtungsschlag gegen die Wölfe an. Den aus Russland zurückflutenden napoleonischen Truppen waren Wölfe gefolgt, und in deutschen Landen hatten sich in einem kriegerischen Jahrzehnt die Wölfe kräftig vermehrt, sodass, ein letztes Mal in der mitteleuropäischen Geschichte, von einer »Wolfsplage« die Rede war. Der Preußenkönig Friedrich Wilhelm III. erhob mit dem Jagdregal vom 4. Januar 1814 die Wolfsjagd zur Staatsbürgerpflicht: »Wir geben kund: Es sollen alle ackerbautreibenden Einsassen, desgleichen diejenigen, welche gar keinen Acker besitzen, jedoch Pferde, Rindvieh und Schafe halten, zu den Wolfsjagden Hülfe leisten, und die davon nach Provinzial-Verfassungen statt gehabten Befreiungen gänzlich aufhören.«

Dreißig Jahre später war es in Deutschland mit den Wölfen im Großen und Ganzen vorbei. Die meisten Gedenksteine, die an letzte erlegte Wölfe erinnern, wurden zwischen 1840 und 1850 gesetzt. 1841 fiel der letzte Wolf im Taunus bei Camberg, 1845 im Westerwald, 1847 im Bayerischen Wald. In der Schorfheide, einem der Hofjagdreviere der Hohenzollern, war der »letzte Wolf« schon 1809 erlegt worden. Im märkischen Blumenthalwald bei Prötzel kam 1823 Bürgermeister Fubel erfolgreich zu Schuss, und im südbrandenburgischen Doberluger Forst brachten der Jägerbursche Schumann, Bäckermeister Berger und Stadtbrauer Kother 1846 einen letzten Wolf zur Strecke, wie der Inschrift einer Gedenksäule zu entnehmen ist, die vom Heimatverein Doberlug-Kirchhain 1995 erneuert wurde, nachdem die Originalsäule längst verrottet war.

Beim Blick auf dieses kurze und heftige Finale der Ausrottungsgeschichte darf man jedoch nicht aus den Augen verlieren, dass sich Wolfspopulationen an der westlichen und östlichen Peripherie des preußisch-deutschen Reiches hartnäckig noch über Jahrzehnte hielten. Das ist ein Hinweis darauf, dass die Grenzen ihres Lebensraums stark davon bestimmt waren, wie weit die Staatsmacht reichte. Noch 1871 wurden von der linksrheinischen preußischen Provinzregierung in Koblenz 23 Schussgelder für erlegte Wölfe ausgezahlt. In der Eifel kam der letzte Wolf erst 1888 zur Strecke, im Saarland 1891.

Ambivalent ist denn auch die Bilanz, die in der 1890 erschienenen Ausgabe von *Brehms Tierleben* gezogen wird. Die Passage sei etwas ausführlicher zitiert, weil sie viele interessante Details enthält, aber auch einen Eindruck von dem »Sound« des Wolfsdiskurses an der Schwelle zum 20. Jahrhundert gibt. Der Verweis auf menschliche Todesopfer gehört selbstverständlich dazu. Auf dieses Thema werden wir noch gesondert eingehen. Nun also Brehm, 1890:

»Der Wolf wird zwar allmählich mehr und mehr zurückgedrängt; doch ist der letzte Tag seines Auftretens im gesitteten Europa anscheinend noch fern. Im vorigen Jahrhunderte fehlte das schädliche Raubtier keinem größeren Waldgebiete unseres Vaterlandes, und auch in diesem

Jahrhunderte sind hier nach amtlichen Angaben immerhin noch Tausende erlegt worden. Innerhalb der Grenzen Preußens wurden im Jahre 1817 noch 1080 Stück geschossen. In Pommern allein wurden erlegt im Jahre 1800: 118, 1801: 109, 1802: 102, 1803: 186, 1804: 112, 1805: 85, 1806: 76, 1807: 12, 1808: 37, 1809: 43 Stück. Dann wurden sie seltener, kamen aber wieder in großer Menge mit dem aus Russland fliehenden französischen Heere, das ihnen Leichen genug zum Fraße lieferte, ins Land. Im Posenschen wurden von ihnen 1814–15 wieder 28 Kinder und 1820 noch 19 Kinder und Erwachsene zerrissen. Gegenwärtig sind Wölfe in unserem Vaterlande sehr selten geworden; doch verlaufen sich alljährlich noch welche aus Russland, Frankreich und Belgien nach Ost- und Westpreußen, Posen, den Rheinlanden, in strengen Wintern auch nach Oberschlesien, unter Umständen bis tief in das Land ... In den elf Jahren 1872–82 wurden in den Reichslanden [Elsass und Lothringen] 459 Wölfe getötet, und noch 1885–86 wurden in Lothringen 32, im Elsass 7, in den Rheinlanden 2, in Ostpreußen und Brandenburg je 1 Stück zur Strecke gebracht, und Ende 1886 trieb sich an der Seester Höhe in Ostpreußen (bei Goldap) ein sehr starkes Rudel Wölfe umher.«

Die »letzten Wölfe« Deutschlands kamen mit Pulver und Blei zur Strecke. Zur staatlichen Organisation der Wolfsjagd trat im 19. Jahrhundert die rasante technische Verbesserung der Feuerwaffen und ihre breitere Verfügbarkeit in der Bevölkerung. Im Zuge der Französischen Revolution wurden die adeligen Jagdprivilegien mehr und mehr aufgeweicht und in den deutschen Staaten von der Frankfurter Nationalversammlung 1848 gänzlich aufgehoben, ein revolutionärer Schritt der bürgerlichen Revolution, der im Gegensatz zu vielen anderen Errungenschaften bei politischen und wirtschaftlichen Freiheiten nie revidiert wurde. Die bürgerliche und bäuerliche Jagd hat die Effizienz der Wolfsbekämpfung sicherlich gesteigert. In feudalen Zeiten dagegen war die als Fron erzwungene Beteiligung an der Wolfsjagd, das sogenannte »Wolfslaufen«, eine Pflicht, die Bürger- und Bauersleute am liebsten umgingen, obwohl diese Jagd auch in ihrem und nicht nur im Interesse des fürstlichen Jagdherren lag. Solche Jagden, meist im tiefen Winter abgehalten, dauerten tage-, manchmal wochenlang. Riesige Gebiete wurden »eingelappt«; das heißt, es wurden Schnüre, an denen Stofffetzen befestigt waren, von Baum zu Baum gespannt. »Durch die Lappen« gehen Wölfe nur sehr ungern. Ein Riesenaufgebot an Treibern hatte sie dann in dem eingelappten Gebiet aufzuscheuchen und in Netze zu treiben. Hatten sie sich dort gefangen, wurden sie mit Spießen, Knüppeln und Äxten getötet.

Die Chroniken und Akten sind voll von Streitigkeiten über dieses »Wolfslaufen«. So befahl etwa der brandenburgische Kurfürst Johann Sigismund 1613 den Bürgern der Stadt Prenzlau, Jagdgehilfen für eine Wolfsjagd im 50 Kilometer entfernten Groß Schönebeck in der Schorfheide zu stellen. Das bedeutete zehn Stunden Fußmarsch und mehrtätige Abwesenheit von den eigenen Geschäften. Es wird berichtet, dass die kurfürstlichen Jagd- und

Forstbeamten rüden Zwang ausübten und rücksichtslos rekrutierten. Sie klagten aber auch darüber, dass die Städte untaugliches Personal – »Weibspersonen« und Kinder – stellten, das den Strapazen einer solchen Jagd nicht gewachsen sei. Außerdem erschienen viele Jagdgehilfen betrunken zum Dienst. Ein märkischer Lokalhistoriker schreibt im *Oberbarnimer Kreiskalender* 1930: »Die Leute für dieses Wolfsjagdlaufen mussten sich auf mindestens drei Tage mit Mundvorrat versorgen und häufig mit dem elendesten Nachtquartier vorliebnehmen. Ja, es wird berichtet, dass viele Menschen bei diesem Jagdlaufen erfroren sind.«

Es scheint so zu sein, dass erst die bürgerliche Gesellschaft und der moderne Staat jene Vernichtungseffizienz erzeugten, der die Wölfe schließlich unterlagen. Nicht umsonst war Britannien, Vorreiter der industriellen Moderne, als erstes europäisches Land schon Mitte des 18. Jahrhunderts völlig wolfsfrei. Die riesigen Wolfshunde, die an den Adelshöfen gehalten wurden, hatten nichts mehr zu tun. Fortan widmete sich die ländliche Aristokratie sportlich der Fuchsjagd. Auf dem europäischen Kontinent ist der politische, wirtschaftliche und gesellschaftliche Modernisierungsprozess allerdings von großen Ungleichzeitigkeiten geprägt. Er ließ räumliche und zeitliche Nischen offen, in denen Wölfe überleben konnten, etwa in den italienischen Abruzzen, in Portugal und im Nordwesten Spaniens, in Südosteuropa und in Russland ohnehin. Auf den gesamten Kontinent bezogen, war der Wolf in Europa nie am Rande des Aussterbens.

Nur auf den ersten Blick überraschend ist es, dass die Alpen nicht zu den europäischen Wolfsrefugien zählen. Sosehr sie kulturell eine Landschaft romantischer Projektionen waren, erhabenes Gegenbild einer zunehmend urbanen und städtischen Moderne, so unmittelbar und brutal wurden sie vom industriellen Modernisierungsprozess getroffen, wie Hansjakob Baumgartner und seine Mitautoren in ihrem Schweizer Wolfsbuch *Der Wolf. Ein Raubtier in unserer Nähe* anschaulich darstellen. Im 19. Jahrhundert habe die Nutzung der Alpen ihren Höhepunkt erreicht, schreiben sie. Um den schnell wachsenden europäischen Markt für Hartkäse zu bedienen, brauchte die Berglandwirtschaft immer mehr Weideflächen und Brennholz. Die Alpen wurden radikal entwaldet und den natürlichen Beutetieren des Wolfes, vor allem Rotwild und Reh, die Lebensgrundlage genommen. Zudem wurden sie rücksichtslos gejagt. Mitte des 19. Jahrhunderts war der Rothirsch in den Schweizer Alpen ausgerottet, die Gams hielt sich in Restvorkommen, das Reh war eine Seltenheit. Dafür, dass sich die letzten Wölfe nicht am Weidevieh vergriffen, sorgten die freien bewaffneten Bauern der Eidgenossenschaft mit Nachdruck. Das machte den Wölfen den Garaus und ist ein weiteres Beispiel dafür, wie sehr das Schicksal der Wölfe von Fragen der politischen und gesellschaftlichen Verfassung bestimmt wird.

Der europäische Krieg gegen die Wölfe, der seit Karl dem Großen tausend Jahre gedauert hatte, wiederholte sich in Nordamerika im Zeitraffer. In den Vereinigten

Staaten gelang den europäischen Kolonisten die Ausrottung fast vollständig. Selbst im Yellowstone-Nationalpark, schon 1872 in einem Moment des Erschreckens über die Dynamik der Zivilisation gegründet als Monument ursprünglicher Wildnis, wurden Wölfe bis zum Ende des 20. Jahrhunderts bekämpft. Erst in den Neunzigerjahren dachte man um und siedelte kanadische Wölfe dort wieder an. In Kanada mit seinen riesigen unbewohnten Wildnisgebieten war der Wolf nie in seinem Bestand gefährdet. In den Vereinigten Staaten aber, schreibt Erik Zimen in *Der Wolf. Verhalten, Ökologie und Mythos*, teilten die Wölfe das Schicksal der Indianer und Büffel. Erst verschwanden sie östlich des Mississippi. Bei der Eroberung des Westens folgten den Bisonjägern die »Wolfers«, die riesige Strecken strychningetränkter Kadaver legten. So verschwand eine Unterart des Wolfes, der hellmähnige Büffelwolf, ganz von der Erde, und die Kultur der Prärieindianer, die wesentlich vom Dreieck Mensch–Büffel–Wolf geprägt war, ging unter.

Kehren wir noch einmal zum »Tiger von Sabrodt« zurück. Wo diese Wölfin Anfang des 20. Jahrhunderts einsam umherstreifte, nachdem dort hundert Jahre kein Wolf seine Fährte gezogen hatte, brachte wiederum ein Jahrhundert später »Einauge«, eine der Urmütter der neuen deutschen Wolfspopulation, von 2005 an Jahr für Jahr Junge zur Welt, bis sie im Frühjahr 2013 offenbar bei Revierkämpfen mit einem Nachbarrudel ums Leben kam. Sie gehörte zur ersten Generation in Deutschland geborener Wölfe und verbrachte ihr langes und produktives Wolfsleben in der Lausitz. Wer hätte damit gerechnet, dass in diesem Landstrich, der vor hundert Jahren »im Herzen unseres Vaterlandes«, heute aber sehr an dessen Rand liegt, einmal Wolfsgeschichte geschrieben werden würde?

Rückkehr eines Superjägers

Machen wir uns erst einmal bekannt mit dem neuen alten Nachbarn. Wer ist dieser *Canis lupus*? In der zoologischen Systematik gehört er zur Klasse der Säugetiere, zur Ordnung der Raubtiere, zur Familie der Hundeartigen und zur Gattung der echten Hunde. So weit ist alles ganz übersichtlich. Etwas komplizierter wird es, wenn man fragt, welche Arten die Gattung *Canis*, Echte Hunde, denn bilden und ob diese Arten klar voneinander getrennt werden können. Neben dem Wolf und dem Kojoten werden gemeinhin drei Schakalarten dazu gezählt, der Goldschakal, der Streifenschakal und der Schabrackenschakal. Es wird aber auch die Auffassung vertreten, die Schakale seien eine eigene Gattung und ließen sich nicht auf eine gemeinsame Stammform zurückführen, die sie mit ihren Gattungsgeschwistern teilen. Manche Zoologen betrachten den Äthiopischen Wolf als eigene Art, manche als Unterart des Wolfes, die aus der Kreuzung von Wolf und Schakal hervorgegangen sein könnte. Alle Angehörigen der Gattung *Canis* nämlich können sich paaren und bringen, anders als die Paarung Pferd und Esel, fruchtbare Nachkommen hervor. Ähnlich verhält es sich in der Neuen Welt mit dem Rotwolf, der im südlichen Nordamerika in Restvorkommen noch existiert. Auch bei ihm ist der systematische Status – Art oder Unterart – noch strittig. Auch er könnte aus einer Vermischung zweier Arten hervorgegangen sein, aus der Kreuzung nämlich zwischen Wolf und Kojote.

Einhelligkeit herrscht in der Wissenschaft inzwischen darüber, dass der Wolf als alleiniger Stammvater des Haushundes anzusprechen ist. Ob man *Canis lupus familiaris* als eigene, durch Domestikation entstandene Art betrachtet oder nur als Varietät der Spezies Wolf, hängt im Wesentlichen davon ab, ob man das Genom vor Augen hat oder konkrete Individuen. Genetisch sind Wolf und Hund aus einem Fleisch. Kulturell haben sie sich deutlich voneinander entfernt, woran man erkennen kann, dass man weder dem Wolf noch dem Hund mit reiner Naturwissenschaft auf die Spur kommt. Genetisch betrachtet, gibt es mehrere hundert Millionen Wölfe auf der Erde, die weitaus meisten im Status des Hauswolfes. Legt man das Unterscheidungsmerkmal der Domestikation an, verbleiben nur knapp 200 000 »echte« Wölfe.

Was die Anpassungsfähigkeit an die unterschiedlichsten geografischen und klimatischen Bedingungen angeht, kann unter den Säugetieren nur der Wolf dem Menschen das Wasser reichen – oder umgekehrt. Ursprünglich war er über die gesamte nördliche Erdhalbkugel verbreitet, von der Arktis bis nach Indien und Nordafrika. So unterschiedlich seine Lebensräume sind, so unterschiedlich sind auch seine Erscheinungsformen. Die Taxonomen werden sich wohl immer darüber streiten, wie viele Unterarten des Wolfes unterschieden werden können. So um die sechzehn werden derzeit genannt. Einige, wie der Büffelwolf, der Ägyptische Wolf, der Hokkaido- und der Honshu-Wolf, sind bereits ausgestorben.

Für den Wolf gilt wie für andere warmblütige Arten, die über verschiedene Klimazonen verbreitet sind, die Bergmann'sche Regel: »Je kälter, desto größer.« Mit zunehmender Körpermasse sinkt die Körperoberfläche im Verhältnis zum Körpervolumen. Es wird also weniger Körperwärme abgestrahlt. Die Wölfe des Nordens, etwa die weißen Polarwölfe oder die Timberwölfe aus dem Norden Amerikas, werden bis zu 80 Kilogramm schwer, erreichen eine Körperlänge von 160 Zentimetern und eine Schulterhöhe von mehr als 80 Zentimetern. Sie jagen Großwild wie Elch, Bison oder Moschusochse. Indische und arabische Wölfe bringen es gerade einmal auf ein Viertel dieses Gewichts und ernähren sich eher von Nagern, Vögeln oder Aas, in Indien zuweilen auch, wie noch zu erörtern sein wird, von kleinen Kindern.

Die häufig auftretende Schwarzfärbung bei den Timberwölfen übrigens geht auf ein Hunde-Gen zurück, das sich in die nordamerikanische Wolfspopulation eingeschlichen haben muss, als die ersten Jäger und Sammler mit ihren Hunden über die eiszeitlich trocken gefallene Beringstraße auf den Kontinent kamen. Auch hier sieht man wieder, wie eng im Dreieck Wolf–Mensch–Hund die natürliche und die kulturelle Evolution miteinander verschränkt sind.

Die Tropen sind dem Wolf verschlossen. Er ist nach seiner gesamten Physis ein »Tier der Kälte«, wie Kurt Kotrschal schreibt, das wenigstens kalte Nächte braucht, wie sie die nordafrikanische Wüste bietet. In Ermangelung von Schweißdrüsen kann er Körperwärme nur durch Hecheln abführen. Er überhitzt leicht. Auch bei Schlittenhunden kennt man dieses Problem. Gegen Kälte jedoch, auch extreme Kälte, ist der Wolf unempfindlich. Fossilienfunde belegen, dass die ersten modernen Wölfe vor etwa zwei Millionen Jahren auf dem eurasischen Kontinent auftraten. Sie waren dort also schon seit Jahrmillionen ansässig, als der moderne Mensch, aus Afrika kommend, vor etwa 80 000 Jahren dort auftauchte, zunächst im Nahen Osten. Es mag durchaus so gewesen sein, dass der Wolf für *Homo sapiens* der wichtigste Lehrmeister bei der Anpassung an unwirtliche Lebensverhältnisse war.

Kehren wir aus fernen Zeiten und Räumen in die Lausitz zurück, wo auf dem Truppenübungsplatz in der Muskauer Heide von den dort für den Wald zuständigen Bundesförstern seit 1996 immer wieder Spuren der Anwesenheit eines, seit 1998 von zwei Wölfen gefunden wurden. Ein Paar hatte sich zusammengefunden, das im Jahr 2000 zum ersten Mal seit 150 Jahren wieder auf deutschem Boden geborene Wölfe aufzog und damit ein Rudel begründete. Zwar war Anfang der Neunzigerjahre in Brandenburg schon eine Wölfin mit Welpen beobachtet worden. Doch nach dem Tod des dazugehörenden Rüden verschwand das Rudel wieder. Es ist unwahrscheinlich, dass die Aufzucht dieser Welpen gelang.

Noch einmal sei die zoologische Systematik bemüht: Die Lausitzer Wölfe sind europäische Grauwölfe. Die stellen die Nominatart der Spezies *Canis lupus* dar und heißen deshalb *Canis lupus lupus*, was ganz eurozentrisch bedeutet, dass der europäische Wolf sozusagen der Normalwolf ist. Ursprünglich war er von den britischen Inseln bis nach Ostasien verbreitet. Es handelte sich also bei dem nach Deutschland eingewanderten Wolfspaar um Angehörige einer autochthonen Wolfspopulation und nicht etwa um entlaufene oder freigelassene Gehege- oder Zoowölfe. Dieser Verdacht wird von Wolfsgegnern immer wieder geschürt, obwohl es dafür keinerlei Anzeichen gibt.

Europäische Grauwölfe haben etwa die Größe eines Deutschen Schäferhundes. Rüden erreichen eine Schulterhöhe von 70 Zentimetern und ein Gewicht von 40 Kilogramm. Die Fähen, also die Weibchen, sind etwas kleiner und leichter. Es fällt selbst Fachleuten schwer, Wölfe von wolfsähnlichen Hunden sicher zu unterscheiden, zumal es mit dem Saarlooswolfhund und dem Tschechoslowakischen Wolfshund Rassen gibt, die auf möglichst große phänotypische Ähnlichkeit mit dem Wolf gezüchtet sind. Auch Huskies sehen Wölfen manchmal ausgesprochen ähnlich, was sicher ein Grund für ihre zunehmende Beliebtheit ist. Charakteristisch für den Wolf sind der breite Schädel und die im Verhältnis dazu ausgesprochen kurzen aufrecht stehenden Ohren. Vor allem im Sommerfell fallen seine windhundähnliche Hochbeinigkeit sowie sein im Vergleich zu ähnlichen Hunden relativ schmaler Brustkorb auf.

Den Schwanz trägt der Wolf immer gerade, nie sichelförmig geschwungen oder gar geringelt. Und anders als bei Hunden sitzt bei ihm an der Schwanzoberseite eine Drüse, die sogenannte Violdrüse, deren Umgebung immer durch schwarze Haare abgesetzt ist. Einzelne Pfotenabdrücke von Wölfen und Hunden entsprechender Größe lassen sich nicht unterscheiden, der Verlauf ihrer Spur jedoch sehr deutlich. Erwachsene Wölfe bewegen sich zielstrebig von Ort zu Ort. Im Trab treten die hinteren Pfoten in die Abdrücke der vorderen. Der Wolf schnürt. Hunde laufen oft mit leicht schräger Körperachse. Vor allem aber bleiben sie in ihrem Verhalten ihr Leben lang insofern kindlich, als sie unstet mal hierhin, mal dorthin rennen und selten die direkte Verbindung von Punkt A zu Punkt B wählen. Auf das Sozial- und Jagdverhalten der Wölfe gehen wir noch genauer ein. Hier sei vorerst nur festgehalten, dass Wölfe und die in den jeweiligen Lebensräumen heimischen wilden Huftierarten eine enge, durch Koevolution verbundene Lebensgemeinschaft bilden. In Mitteleuropa sind das hauptsächlich Reh, Rothirsch, Damhirsch und Wildschwein. Als anpassungsfähige Opportunisten werden Wölfe allerdings auch mit der Abwesenheit ihrer natürlichen Hauptbeute fertig, ernähren sich von Kleintieren, Abfällen menschlicher Siedlungen und auch Nutzvieh. Entgegen einem weitverbreiteten Vorurteil sind Wölfe keine reinen »Nasentiere«, obwohl ihr Geruchssinn wie der von Hunden für Menschen Unvorstellbares leistet. Beutetiere können sie bis zu einer Entfernung von zweieinhalb Kilometern wittern. Der Orientierung im Raum dienen aber vor allem Augen und Ohren. Wölfe sind hervorragende Bewegungsseher auch bei Dämmerung und Dunkelheit. Ihr Gehör, verbunden mit den beweglichen Ohrmuscheln, kann Geräuschquellen präzise verorten und nimmt Töne wahr, die für das menschliche Ohr nicht mehr hörbar sind.

Wolfspaare bleiben oft ein Leben lang zusammen. Anders als Hunde werden Wölfinnen nur einmal im Jahr läufig, in unseren Breiten im Februar/März. Nach 63 Tagen Tragzeit, wie beim Hund, bringt die Wölfin in einer Wurfhöhle, oft einem erweiterten Fuchs- oder Dachsbau, meist vier bis acht blinde und taube Jungen zur Welt, die nach drei Wochen zum ersten Mal die Höhle verlassen und beginnen, die Umgebung zu erkunden. Das Elternpaar mit diesen Jungen und meist einigen Jungen des Vorjahres bilden die soziale Grundeinheit des Rudels. Wölfe leben also in Kleinfamilien. Jedes Rudel beansprucht ein Territorium, dessen Größe von der Beutetierdichte abhängig ist. In Mitteleuropa sind das etwa 250 bis 300 Quadratkilometer. Das Territorium wird gegen Artgenossen verteidigt. Revierkämpfe können tödlich enden. Innerhalb der Wolfsfamilie geht es ausgesprochen harmonisch, um nicht zu sagen innig zu. Kurt Kotrschal spricht deshalb davon, dass Wölfe – wie auch die frühen Menschen – in nach außen aggressiven, nach innen solidarischen »Kriegergesellschaften« leben.

Jungwölfe verlassen im Alter von etwa zwei Jahren das Elternrudel und versuchen ein eigenes Territorium zu besetzen, manchmal in der Nachbarschaft, manchmal aber auch viele hundert Kilometer entfernt. Der in der Lausitz mit einem Senderhalsband versehene Wolf »Alan« wanderte bis nach Weißrussland. Diese Wanderungen sind gefährlich und neben dem Welpensterben durch Hunger, Krankheiten und Parasiten wohl der größte Aderlass für Wolfspopulationen. Die wandernden Jungwölfe werden bei uns häufig Opfer des Straßenverkehrs, oder sie werden beim Durchqueren fremder Territorien von Artgenossen getötet. Etwa 60 Prozent eines Jahrgangs überleben den ersten Winter nicht. Von den übriggebliebenen kommen sehr viele, bis 45 Prozent, wie Schätzungen besagen, als Jährlinge ums Leben.

Die beiden, die sich zur Jahrtausendwende auf dem Truppenübungsplatz in der sächsischen Oberlausitz als Paar zusammenfanden, hatten Glück und eine für Wölfe nicht allzu lange Wanderung hinter sich. Sie kamen aus dem Notecka-Wald in der Nähe von Posen, 100 Kilometer von der deutsch-polnischen Grenze entfernt, wo seit den Achtzigerjahren wieder mehrere Rudel ansässig geworden waren, nachdem man in den meisten Regionen Polens Wölfen wenigstens eine Schonzeit eingeräumt und den Einsatz von Gift und Fallen verboten hatte. Den Grenzfluss Neiße zu durchschwimmen stellt für Wölfe keine Schwierigkeit dar. Vielleicht überquerten sie auch die Oder und kamen von Norden nach Sachsen. Der militärische Lärm auf dem 160 Quadratkilometer großen

Übungsplatz mit seinen Kiefernforsten, Heiden und Sanddünen machte ihnen genau so wenig aus wie den zahlreichen Hirschen, Rehen und Wildschweinen dort. Störungen durch Spaziergänger, Hunde, Pilzsucher oder Mountainbiker hatten sie nicht zu gewärtigen. Der Übungsplatz wurde zum Kern ihres Territoriums, das sich jedoch nicht auf ihn beschränkte, sondern sich in die benachbarten Tagebaulandschaften ausdehnte. Truppenübungsplätze sind nicht eingezäunt. Sie eignen sich also nicht, wie manche Wolfsgegner unterstellen, als Wolfsgehege.

Anfangs wussten nur wenige von dieser wölfischen Rückkehr. Die Förster, die am nächsten an diesem Geschehen waren, hängten es nicht an die große Glocke. Ebenso verfuhr das für die streng geschützte Art zuständige sächsische Umweltministerium. Man fürchtete öffentlichen Rummel um die Wölfe und negative Reaktionen der Bevölkerung. Allerdings erwies sich der Mantel des Schweigens, den man über die tierischen Neubürger breiten wollte, als arg kurz. Im Wolfsgebiet wird wie überall gejagt, weshalb sich die Neuigkeit unter Jägern schnell herumsprach. Jagdzeitschriften berichteten, eine Lokalzeitung griff im Januar 2001 zum ersten Mal das Thema auf. Im Sommer dieses Jahres endlich brach auch das Ministerium sein Schweigen und verkündete in einer Pressemitteilung: »Isegrim fühlt sich wohl in Sachsen.«

Minister Steffen Flath nannte bei einem Pressetermin im Wolfsgebiet die Wölfe »ein Geschenk für Sachsen«. Die Wiederansiedlung der Tiere sei ein »Beweis für eine Naturlandschaft, wie es sie kein zweites Mal in Europa gibt« – was angesichts der von Braunkohletagebau, Forstwirtschaft und Teichwirtschaft geprägten Lausitz eine kühne Aussage ist. Gleichwohl, Flath schlug damit ein künftiges Leitmotiv der sächsischen Wolfspolitik an: die Wölfe als touristisch nutzbares Alleinstellungsmerkmal der von Arbeitslosigkeit und Abwanderung geplagten Region Lausitz.

Als die Kunde von den deutschen Wölfen 2001 die Runde machte und mächtige Resonanz in den Medien fand, zog das Muskauer Wolfspaar schon den zweiten Wurf Welpen auf. Vier waren es beim ersten Mal gewesen, nun hatte die Wölfin zwei Junge geboren. Eine Wölfin aus dem ersten Wurf machte sich im Jahr darauf selbstständig und besetzte ein Stück weiter westlich bei Neustadt an der Spree ein Territorium, wo sie darauf wartete, dass ein Rüde den Weg zu ihr fände. Der konnte nur aus Polen stammen, denn mit eigenen Geschwistern verpaaren sich Wölfe in der Regel nicht. Offenbar haperte es mit dem Rüdennachschub aus dem Osten. Das Warten wurde der Neustädter Wölfin lang. Im Spätwinter 2003 ließ sie sich mit einem Hofhund ein. Unter anderen Umständen hätte sie den vielleicht gefressen. Jetzt siegte der Fortpflanzungstrieb. Neun Mischlingswelpen gebar sie neun Wochen später, während ihre Eltern, unverdrossen, ihren dritten, diesmal fünfköpfigen Wurf in der Muskauer Heide aufzogen.

Als Biologen und Förster Bilder aus Fotofallen auswerteten, wunderten sie sich über die langen Ohren und die untypische Fellzeichnung der Neustädter Wölfchen. Ihnen war schnell klar, dass die Wölfin Hybriden aufzog, eine Katastrophe für die noch kleine und fragile deutsche Wolfspopulation. Doch sieben von ihnen verschwanden im Laufe eines Jahres spurlos. Zwei konnten eingefangen und in ein Gehege im Bayerischen Wald gebracht werden. Bei dieser Treibjagd, bei der die Jungwölfe in Netze getrieben wurden, konnte auch die Mutter gefangen und mit einem Senderhalsband versehen werden. 2004 fand sie endlich einen wölfischen Partner, der nach genetischen Analysen seiner Hinterlassenschaften eindeutig aus Polen stammte. Mit ihm gründete sie das zweite Lausitzer Rudel.

Nach der Hybridenkrise, welche die Zukunft der Wölfe in Deutschland in ein zweifelhaftes Licht zu rücken schien, wurde die wölfische Landnahme immer stürmischer. Das »Informationsbüro Wolfsregion Lausitz« schreibt auf seiner Internetseite die Chronologie der laufenden Ereignisse akribisch fort. 2006 streifen schon drei Wolfsrudel durch die Lausitz, eine Wölfin wandert nach Brandenburg ab. 2008 ist die sächsische Population auf fünf Rudel angewachsen. Mindestens vier Einzelwölfe begründen Territorien in Mecklenburg-Vorpommern und Brandenburg, die Brandenburger Wölfin findet einen Partner. Am weitesten wandert jener Rüde ab, der von 2008 bis 2011 im nordhessischen Reinhardswald vergeblich darauf wartet, ein Rudel begründen zu können. Er stirbt eines natürlichen Todes. Für 2011 verzeichnet die Wolfschronik sieben Rudel in Sachsen, fünf Rudel und zwei Paare ohne Welpen in Brandenburg, ein Rudel in Sachsen-Anhalt auf dem Truppenübungsplatz Altengrabow. Die territorialen Einzelwölfe in Mecklenburg-Vorpommern, in der Lübtheener und der Ückermünder Heide, behaupten sich. Ein Wolf steckt sein Revier in Niedersachsen auf dem Truppenübungsplatz Munster ab. Zwei Jahre später ist Niedersachsen mit drei Wolfsrudeln – Munster, Bergen und Wendland – das erste westdeutsche Bundesland, das eine reproduzierende Wolfspopulation beherbergt.

Anfang 2014 sind in Deutschland 26 Wolfsrudel und Wolfspaare sowie drei sesshafte Einzelwölfe nachgewiesen. Wolfsland Nummer eins ist immer noch Sachsen mit zehn Wolfsterritorien, gefolgt von Brandenburg mit sieben und Sachsen-Anhalt mit vier. Deutlich zeigt sich der Ausbreitungsdrang der Population in Richtung Norden und Nordwesten. Ein territorialer Wolf streift durch das Umland von Cuxhaven.

Während diese Seiten geschrieben werden, beginnt bei den Wölfen die Brunst. Im späten Frühjahr und Frühsommer, wenn die Welpen die Wurfhöhlen verlassen, wird man neue Wolfsterritorien kartieren müssen. Paare werden neue Rudel gründen, diesmal aller Voraussicht nach auch in Mecklenburg-Vorpommern, denn in der Lübtheener Heide ist jetzt ein Paar nachgewiesen. Ob der Wolf, der in Thüringen südlich von Jena von einer Wildkamera gefilmt worden ist, auf der Durchreise war oder sich im »grünen Herzen« Deutschlands niederlässt, muss sich noch erweisen.

Bislang spielt sich das deutsche Wolfsgeschehen hauptsächlich im Osten und Nordosten des Landes ab. Die Wölfe hier bilden mit denen Westpolens eine zusammenhängende Population, die neuerdings als »mitteleuropäische Flachlandpopulation« bezeichnet wird. Bislang gilt diese Population als weitgehend isoliert und deshalb von der Kopfzahl – deutlich unter tausend – und der genetischen Verfassung her als weit entfernt von jenem »günstigen Erhaltungszustand«, der im europäischen Naturschutzrecht als Ziel aller Bemühungen um bedrohte Arten gilt. Erst wenn dieser günstige Erhaltungszustand festgestellt würde, könnte der Wolf, wenn der politische Wille dazu bestünde, aus der strengsten Schutzkategorie entlassen werden.

Im Sommer 2013 veröffentlichten polnische Wissenschaftler in der Zeitschrift *Conservation Genetics* eine Studie, in der sie die Isolation der westpolnisch-deutschen Wolfspopulation infrage stellen. Diese Population müsse als westlicher Ausläufer der großen nordosteuropäisch-baltischen Population betrachtet werden. Sie führen genetische Indizien dafür an, dass Wanderwölfe aus den baltischen Staaten und Weißrussland häufig nach Polen und Ostdeutschland vordringen. Folgt man diesem Konzept einer großen nordosteuropäischen Gesamtpopulation, spricht man nicht mehr von einigen hundert, sondern von einigen tausend Wölfen. Diese Interpretation trifft in der Wissenschaft allerdings auf Widerspruch. Nach der Analyse von mehr als 2000 Genproben deutscher Wölfe stellen die Wissenschaftler des Senckenberg-Instituts für Wildtiergenetik fest, dass die Bande zwischen den deutsch-polnischen und den baltischen Wölfen doch sehr dünn seien. Juristisch stehen das Bundesumweltministerium und das Bundesamt für Naturschutz auf dem Standpunkt, dass der »günstige Erhaltungszustand« einer Art jeweils in den einzelnen EU-Mitgliedsstaaten festgestellt werden müsse und sich nicht auf grenzüberschreitende Populationen beziehe. Hier geraten Naturschutzrecht und Wildbiologie doch in einen gewissen Widerspruch. Tiere halten sich nicht an Staatsgrenzen, weshalb Artenschützer vehement fordern, beim Wildtiermanagement grenzüberschreitend zusammenzuarbeiten. Der Schutzstatus einer Art aber soll innerhalb nationaler Grenzen bestimmt werden.

Ein weiteres Ergebnis des umfangreichen genetischen Monitorings der deutschen Wölfe sei hier noch festgehalten: Es finden sich keine Spuren der Einkreuzung von Hunden. Der Fehltritt der Muskauer Wölfin blieb Episode. Die Abstammungslinien der meisten Wölfe lassen sich auf zwei in der Muskauer Heide geborene Wölfinnen zurückführen. Die deutschen Wölfe reproduzieren sich also selbst. Sie bekommen keinen künstlichen Nachschub aus irgendwelchen Gehegen, wie manchmal vermutet wird. Und es handelt sich bei ihnen schon gar nicht um Wolf-Hund-Mischlinge, die von den russischen Soldaten bei ihrem Abzug auf den Truppenübungsplätzen zurückgelassen worden seien.

Im Westen und im Süden Deutschlands ist der Wolf bislang nur vereinzelt aufgetreten. Zwei Jahre lang, von

2009 bis 2011, durchstreifte ein Tier das oberbayerische Rotwandgebiet oberhalb des Spitzingsees, eines der beliebtesten Ausflugsziele der Münchner. Bei Gießen in Mittelhessen wurde Anfang Januar 2011 ein Wolf angefahren. Als im Frühjahr 2012 im Westerwald ein Wolf von einem Jäger geschossen wurde, stellte sich heraus, dass es sich um jenes Gießener Unfallopfer handelte. Sowohl dieser als auch der bayerische Wolf waren aus dem Süden zugewandert. Sie stammten aus der italienisch-französisch-schweizerischen Population. In Deutschland könnten sich die beiden Migrationsströme aus dem Osten und dem Süden, von denen Letzterer bisher nur ein Rinnsal ist, vereinen. Dann wären Wölfe in Deutschland endgültig der Gefahr genetischer Verarmung, eines genetischen »Flaschenhalses«, entkommen. In den Vogesen konnten im Spätsommer 2013 erstmals Wolfswelpen nachgewiesen werden. Es wäre keine Überraschung, wenn sich in den nächsten Jahren auch im Schwarzwald, im Pfälzer Wald, im Hunsrück oder Westerwald Wölfe etablierten.

Wo es noch nicht Wolfsland ist, ist Deutschland zumindest Wolfserwartungsland. Nach Berechnungen des Bundesamts für Naturschutz gäbe es hier Lebensraum für etwa 440 Rudel. Das ist wohlgemerkt keine Prognose, sondern nur eine theoretische Berechnung. Aber man muss doch erst einmal auf den kühnen Gedanken kommen, ganz Deutschland unter dem Gesichtspunkt der Wolfstauglichkeit zu evaluieren. An Nachrichten, wie viel Natur Tag für Tag, Monat für Monat, Jahr für Jahr verloren geht, hat man sich gewöhnt. Sich häufende Erfolgsmeldungen über zurückkehrende Arten sind für viele noch gewöhnungsbedürftig.

Der moderne Großstädter hält so ziemlich alles, was da kreucht und fleucht, für »vom Aussterben bedroht«. Nun muss er lernen, dass es neben dem unbestreitbaren Artenverlust durch intensive Landwirtschaft, Zerschneidung von Lebensräumen und viele andere Ursachen auch spektakuläre Erfolgsgeschichten gibt. Die Artenvielfalt in den Städten vom Wildschwein bis zur Nachtigall ist ein viel bestauntes Phänomen. Das Vordringen fremder Arten wie Waschbär, Marderhund oder Nutria zeigt, wie attraktiv unsere Kulturlandschaft für tierische Anpassungskünstler ist. Auf den landwirtschaftlichen Flächen steht der dramatische Schwund der Hühnervögel Rebhuhn und Fasan einer massenhaften Invasion durch Wildgänse gegenüber. Dass das Schalenwild, die wildlebenden Huftiere wie Reh, Rothirsch und Wildschwein, Hauptnutznießer des Turboackerbaus, heute in nie dagewesenen Populationsdichten vorkommen, ist vielen Menschen, die um sich herum nur Naturzerstörung wahrnehmen, gar nicht bewusst. Das spektakulärste Naturereignis der jüngsten Zeit aber ist die Rückkehr der großen Beutegreifer Bär, Luchs und Wolf, von denen der Wolf wiederum der robusteste und anpassungsfähigste zu sein scheint.

Das deutsche Wolfswunder ist nur ein kleiner Ausschnitt aus einem Geschehen, das in ganz Europa, ja auf der gesamten nördlichen Hemisphäre zu beobachten ist. Im Frühjahr 2013 legte die Large Carnivore Initiative Europe, ein Ausschuss der Naturschutzorganisation IUCN, im Auftrag der Europäischen Kommission einen Statusbericht über die großen Beutegreifer Bär, Luchs, Vielfraß und Wolf vor. Er bezieht sich auf alle europäischen Staaten außer Russland, Weißrussland und der Ukraine. Die Wissenschaftler unter der Leitung des renommierten Wolfsforschers Luigi Boitani aus Rom stellen fest, dass Wölfe heute überall in Europa vorkommen, außer in den Beneluxstaaten, Dänemark, Ungarn und auf den Inseln. Das muss man ein Jahr später insofern korrigieren, als ein Wolf jetzt im norddänischen Thy-Nationalpark gesichtet worden ist, der wohl aus der deutschen Population stammt. Und in Holland ist ein überfahrener Wolf am Straßenrand gefunden worden. Den Gesamtbestand der Wölfe in Europa schätzen Wissenschaftler auf mehr als 10 000 Individuen. Fast überall erwiesen sich die Wolfspopulationen als stabil oder wachsend, heißt es in dem Bericht. Das ist erstaunlich, denn die zehn Wolfspopulationen, die sich in Europa unterscheiden lassen, existieren unter sehr unterschiedlichen natürlichen und kulturellen Bedingungen. Es sind dies die skandinavische Population (wächst), die karelische (geht als eine der wenigen zurück), die baltische (wächst), die zentraleuropäische (wächst), die Karpatenpopulation (stabil), die Balkanpopulation (stabil), die italienische (wächst), die Alpenpopulation (wächst), die nordwestspanische (scheint zurückzugehen) und die Population der spanischen Sierra Morena (geht stark zurück und ist vom Aussterben bedroht).

Die Hauptgründe für diese aus der Sicht der Wölfe alles in allem hoch erfreuliche Bilanz liegen sicher im Greifen internationaler Schutzbestimmungen, in einem Wandel der Einstellung gegenüber großen »Raubtieren« vor allem in urbanen Bevölkerungsschichten und der gewaltigen Zunahme von Beutetieren in den letzten Jahrzehnten. Das heißt aber nicht, dass die Rückkehr der Wölfe konfliktfrei vonstatten geht und dass die Wölfe überall in Europa gleichermaßen willkommen sind. Und wenn gegen Wölfe mobil gemacht wird, dann geht es beileibe nicht nur um materielle Interessen, die durch großzügige Entschädigungen zu befriedigen wären. Nein, da ist mehr im Spiel. Da geht es auch um kulturelle Identität, um sich gegenseitig ausschließende »städtische« und »bäuerliche« Naturkonzepte und nicht zuletzt um Zielkonflikte beim Natur- und Artenschutz. Der Wolf erschwert nun einmal gerade die extensiven Formen der Nutztierhaltung, die von Naturschutzverbänden gepriesen und gefordert werden. Hühner- und Schweinefabriken sind von ihm nicht bedroht. Deshalb wird in den folgenden Kapiteln weniger von Wölfen und mehr von Menschen, von Politik, von Kultur, von Mythen die Rede sein. Immer wieder werden wir dem Begriff »Wolfsmanagement« begegnen. Der bedeutet nicht, dass irgendetwas mit den Wölfen angestellt werden muss. Die Wölfe kommen allein zurecht. Wir müssen sie nur in Ruhe lassen. Wolfsmanagement ist Menschenmanagement.

Forscher und Manager

Mit »Wolfsmanagern« traf ich zum ersten Mal Anfang des Jahres 1994 in einem tief verschneiten Forsthaus in der Nähe von Oberammergau zusammen. Sie saßen vor dem behaglich knisternden Ofen an einem großen Tisch beieinander und frühstückten Gamswurst. Nicht dass sich damals Wölfe in den Wäldern des Ammergebirges herumgetrieben hätten. Oberbayern war wolfsfrei und sollte es noch lange bleiben. Mich hatten meine Recherchen zur möglichen Rückkehr der Wölfe nach Brandenburg in dieses Gebäude der Bayerischen Landesforsten geführt, denn hier hatte die »Wildbiologische Gesellschaft München« ihren Sitz. Der 1977 gegründete Verein von Forstwissenschaftlern und Biologen versuchte, das in den Dreißigerjahren des 20. Jahrhunderts von dem amerikanischen Förster, Jäger und Naturschützer Aldo Leopold (1887–1948) entwickelte Konzept von »Wildlife Management« auf mitteleuropäische Verhältnisse anzuwenden.

In Amerika gab es längst Studiengänge für dieses Fach. Wolfgang Schröder, der Gründer und Leiter der Wildbiologischen Gesellschaft, hatte dort in den Sechzigerjahren bei einem Sohn Aldo Leopolds studiert. Mit seinen Vorstellungen von Wildtiermanagement forderte Schröder die traditionelle deutsche Jagdwissenschaft heraus, der es immer noch um die Optimierung von Wildtierbeständen unter jagdlichen Gesichtspunkten ging. Wildtiermanagement rückt dagegen das spannungsreiche Zusammenleben von Menschen und Wildtieren, die sich daraus ergebenden Interessenkonflikte und die Suche nach Wegen zu ihrer Lösung in den Mittelpunkt des Interesses. Gerade der in den Siebziger- und Achtzigerjahren eskalierende Streit zwischen Jagd und Forstwirtschaft über die teils verheerenden Waldschäden durch überhöhte Wildbestände bot reichen Stoff für diesen neuen Ansatz. Die sich abzeichnende Rückkehr großer Beutegreifer in die mitteleuropäische Kulturlandschaft brachte eine noch komplexere Herausforderung, weil von ihr nicht nur Interessen, sondern Mentalitäten und kulturelle Konventionen berührt werden.

Das muss auch dem jungen brandenburgischen Umweltminister Matthias Platzeck bewusst gewesen sein, als er die Wildbiologische Gesellschaft und nicht etwa die renommierte heimische Forsthochschule Eberswalde damit beauftragte, einen »Managementplan für Wölfe in Brandenburg« auszuarbeiten.

Platzeck hatte für diese vorausschauende Entscheidung manche Kritik einzustecken. Spötter nannten ihn »lupophil«. Doch letztlich tat er nur, wozu ihn nationales und europäisches Recht verpflichteten. Das war damals allerdings den wenigsten bekannt. Seit 1979 wird der Wolf im »Anhang II« der »Berner Konvention« über die Erhaltung der europäischen wildlebenden Pflanzen und Tiere und ihrer natürlichen Lebensräume als streng geschützte Art geführt. Die europäische »Flora-Fauna-Habitat«-(FFH-)Richtlinie von 1992 listet den Wolf für die weitaus meisten EU-Staaten überdies noch in ihrem »Anhang IV«, was bedeutet, dass diese Staaten dazu verpflichtet sind, Maßnahmen zu ergreifen, um einen »günstigen Erhaltungszustand« der Population zu sichern oder herbeizuführen. Dieser Zustand ist erreicht, wenn unter den gegebenen Bedingungen das Fortbestehen einer Art jetzt und in absehbarer Zukunft nicht gefährdet ist. Bei großen Säugetieren wird dafür auch eine Populationsgröße von tausend geschlechtsreifen Individuen als Voraussetzung betrachtet. Zu den geforderten Schutzmaßnahmen gehören insbesondere ein kontinuierliches »Monitoring«, also die Überwachung des Bestandes, sowie eine regelmäßige Berichterstattung an die Europäische Kommission. Mit dem Bundesnaturschutzgesetz ist diese europäische Richtlinie in nationales Recht überführt worden.

Platzeck ritt also mit seinem Managementplan für Wölfe keineswegs ein bizarres Steckenpferd, obwohl das vielen damals so vorkam. Aber es war Neuland, das er und die Mitarbeiter der Wildbiologischen Gesellschaft betraten. Ein Wust von Fragen war zu bearbeiten. Eine Habitatanalyse sollte Brandenburg als möglichen Lebensraum für Wölfe bewerten. Welche Gegenden werden die Wölfe auf welchen Wanderwegen aufsuchen? Welche Rolle spielen Besiedlungsdichte und die Formen landwirtschaftlicher Nutzung? Wie stellt sich das Angebot potenzieller Beutetiere dar?

Brandenburg war also quasi mit den Augen eines Wolfes zu betrachten und das Ergebnis mit den Bedürfnissen der Menschen zu vergleichen. Altes, versunkenes Wissen musste wieder hervorgekramt werden. Wie etwa schützt man Schafherden vor Wölfen? Was soll passieren, wenn Wölfe sich nicht abschrecken lassen, bei Weidetieren leichte Beute zu machen? Wie ist mit »Problemwölfen« zu verfahren, die ihre Scheu vor Menschen verlieren? Was geschieht bei einem Ausbruch der Tollwut, die damals in Deutschland noch keineswegs ausgerottet war? Wie kann ein System des Schadensausgleichs aussehen? Wie bereitet man die Öffentlichkeit auf die Rückkehr der Wölfe vor? Alle diese Fragen sollte der Managementplan beantworten. Und alle nur denkbaren Interessengruppen sollten sich in ihm berücksichtigt finden, die Jäger, die Schäfer, die Förster, die Reiter, die Gastwirte, die Naturschützer, die Tierschützer. Ihre Verbände wurden in die Vorbereitung des Managementplans eingebunden. Wahrscheinlich hat bis dahin noch nie ein so ausführliches, staatlich organisiertes, gesamtgesellschaftliches Palaver über Wölfe stattgefunden wie damals in Brandenburg. Das Ergebnis dieser mühsamen Arbeit war ein 180 Seiten starkes Papier, eine überaus gründliche Studie über Verhältnisse, die noch gar nicht eingetreten waren und in Brandenburg vorerst auch nicht eintraten.

Mangels Wölfen wanderte der Wolfsmanagementplan erst einmal in die Schublade. Für seine Autoren, den Wildbiologen Christoph Promberger und die Forstwissenschaftlerin Doris Hofer, gab es in Brandenburg nichts zu managen. Promberger setzte seine wissenschaftliche Arbeit an Wölfen, Bären und Luchsen in den rumänischen Karpaten fort. Darüber hat der Südwestrundfunk unter dem Titel »Der Herr der Wölfe« eine Dokumentation mit sensationellen Freilandaufnahmen wilder Wölfe produziert. Unter anderem sieht man, wie eine Wölfin im morgendlichen Berufsverkehr von den Müllkippen am Rande von Brasov/Kronstadt zu ihren Welpen läuft, ohne von den Passanten bemerkt zu werden.

Heute betreibt Promberger mit seiner Frau, ebenfalls Wildbiologin, in Rumänien eine Reiterpension, ein Unternehmen, das sich naturnahem Tourismus und nachhaltiger lokaler Entwicklung verschrieben hat. Doch zu den Wölfen kehrt er immer wieder zurück. 2011 setzte er sich für einen österreichischen Dokumentarfilm auf die Spuren der Wölfe im Sperrgebiet von Tschernobyl. Seine Kollegin Doris Hofer jedoch wechselte die Branche und machte sich als Unternehmensberaterin selbstständig.

Wie man nicht nur mit, sondern ebenso, wenn auch zunächst höchst mühsam, von Wölfen leben kann, das zeigten zwei Wolfsfrauen der nächsten Generation. Gesa Kluth verschrieb sich schon als junge Biologiestudentin den Wölfen und verlor das Ziel, diese Tiere im Freiland zu erforschen, nie aus den Augen. Für ihre Diplomarbeit an der Universität Bremen betrieb sie auf eigene Faust in den Jahren 1996 und 1997 zwei Winter lang Feldforschung in Estland, folgte über viele Kilometer Wolfsspuren im Schnee, sammelte und analysierte Kotproben, untersuchte Risse und schrieb schließlich eine 130 Seiten starke Studie über die Lebensraumnutzung von Tieren, von denen sie kein einziges zu Gesicht bekommen hatte. Aber eine der besten Wolfsfährtenleserinnen Europas wurde sie durch diese Arbeit bestimmt.

Kurz vor der Jahrtausendwende zog Gesa Kluth den Wölfen entgegen in das brandenburgische Biosphärenreservat Schorfheide. Sie war davon überzeugt, dass die Wölfe mit der Wiederbesiedlung Deutschlands genau hier beginnen würden, weil sich im Oderknie auf polnischer Seite ein Rudel etabliert hatte. Ihre Hoffnung allerdings, im brandenburgischen Wolfsmanagement einen beruflichen Einstieg zu finden, erfüllte sich nicht. Die Wölfe ließen, wie gesagt, auf sich warten. Dafür kam über die Grenze hinweg der Kontakt zu einer Schwester im Geiste zustande, zur polnischen Wildbiologin Sabina Nowak, die über ebenso wenig Geldmittel für die Wolfsforschung verfügte wie Gesa Kluth, aber immerhin über Wölfe. Das nun wiederum rief den Journalisten Holger Vogt und den Tierfilmer Uwe Anders auf den Plan, die sich in den Kopf gesetzt hatten, einen Film über die Einwanderung polnischer Wölfe nach Deutschland zu drehen. Diese Verbindung zu den Medien – der Film von Vogt und Anders wurde schließlich für den Norddeutschen Rundfunk produziert – brachte auch die Suche nach Finanzierungsquellen einen entscheidenden Schritt voran. Der Journalist vermittelte den Kontakt zum Internationalen Tierschutzfonds, der Geldmittel für ein Wolfsmonitoring entlang der deutsch-polnischen Grenze bereitstellte.

Den ersten Artikel einer Lokalzeitung über ein Wolfsrudel in der sächsischen Lausitz nahm Gesa Kluth zunächst nicht allzu ernst. Erst als ihr der Leiter des Bundesforsts Muskauer Heide bestätigte, dass auf dem Truppenübungsplatz ein Wolfspaar Welpen aufgezogen habe, begriff sie, dass in Sachsen das geschehen war, worauf sie in Brandenburg sehnlich gewartet hatte. Wieder zog die Wolfsforscherin um, dorthin, wo es in ihren Augen nun einen dringenden Bedarf an Wolfsmanagement gab, in die Lausitz. Und sie täuschte sich nicht. Zwar mangelt es in Ministerien und Naturschutzbehörden nicht an studierten Biologen. Aber jemanden, der sich mit Wolfsspuren, Wolfskot, Wolfsrissen so gut auskannte wie Gesa Kluth und überdies auch noch heulen konnte wie ein Wolf, gab es in Sachsen nicht. Es war, zumal angesichts der Hartnäckigkeit, die Gesa Kluth an den Tag legen kann, gewissermaßen unausweichlich, dass sie von der sächsischen Landesregierung beauftragt wurde, ein Wolfsmanagement aufzubauen.

Wie dringlich das war, zeigte sich, als 2002 der erste große Wolfsangriff auf eine Schafherde für Schlagzeilen und Aufregung sorgte. Den bescheidenen Werkvertrag, mit dem das Land Sachsen seine Wolfsbeauftragte ausstattete, teilte sich Gesa Kluth mit ihrer Kollegin Ilka Reinhardt, die aus Berlin zu ihr gestoßen war. Sie hatte, nach einer Umschulung zur Programmiererin, in der Großstadt auf ihre Chance gewartet, in ihrem Traumberuf als Wildbiologin mit Wölfen zu arbeiten. 2003 gründeten die beiden Frauen in dem Dorf Spreewitz das »Wildbiologische Büro Lupus«, das sich heute zum zentralen Knotenpunkt des Netzwerks der deutschen Wolfsszene entwickelt hat und inzwischen den stolzen Namen »Lupus Institut für Wolfsmonitoring und -forschung« trägt.

Bei den »Lupinen« laufen die Fäden zusammen. Und sie verfügen über die größte Datenbank zu den deutschen Wölfen. Der Kreis der Auftraggeber erweiterte sich Schritt für Schritt. Für das Bundesamt für Naturschutz führte »Lupus« eine Pilotstudie zum Wanderverhalten der Lausitzer Wölfe durch und versah dazu sechs Tiere mit Senderhalsbändern. Diese Arbeit findet auf erweiterter Basis im Projekt »Wanderwolf« ihre Fortsetzung, das von mehreren großen Naturschutzorganisationen – Naturschutzbund Deutschland (Nabu), Worldwide Fund for Nature (WWF), Gesellschaft zum Schutz der Wölfe (GzSdW) – und dem sächsischen Umweltministerium getragen wird. Man kann Lupus wohl mit Fug und Recht als erstes erfolgreiches Startup-Unternehmen des neuen deutschen Wolfszeitalters bezeichnen.

Wann immer man mit Menschen spricht, die ihr Leben den Wölfen widmen, fällt sehr bald der Name Erik Zimen. Sein Buch *Der Wolf. Verhalten, Ökologie und Mythos* war für viele Wolfsbegeisterte die Einstiegsdroge. Anschaulich und verständlich beschreibt der aus Schweden stammende Zoologe darin nicht nur die Erkenntnisse, die er über die Verhaltensbiologie der Wölfe in Forschungsgehegen der Universität Kiel und des Nationalparks Bayerischer Wald in den Sechziger- und Siebzigerjahren gewonnen hat, sondern er bettet die Wolfsbiologie in eine breite Kulturgeschichte der Mensch-Wolf-Beziehung ein und schärft das Bewusstsein dafür, dass der Wolf seit den Anfängen der Geschichte ein enger Begleiter des Menschen war und es in Gestalt des Hundes heute noch mehr denn je ist. Zwar schlägt in seinem Buch hin und wieder die ökologische Untergangsstimmung der Achtzigerjahre durch, und manchmal liest es sich wie ein Nachruf auf den Wolf und die unberührte Wildnis, die er auch für Zimen verkörpert. Aber dann lässt er doch immer wieder optimistische Schlaglichter zu, staunt über die Anpassungsfähigkeit der Wölfe und berichtet von seinem Kampf für ihre Rettung in den italienischen Abruzzen, den er zusammen mit seinem italienischen Kollegen Luigi Boitani höchst öffentlichkeitswirksam führte.

Man kann den Beitrag, den das Tandem Zimen/Boitani dazu leistete, dass seit Ende der Siebzigerjahre Politik und Gesellschaft in den europäischen Staaten nach und nach wolfsfreundlicher wurden, nicht hoch genug einschätzen. Die Rückkehr der Wölfe nach Deutschland, die er kaum für möglich hielt, als er das Buch schrieb, erlebte Zimen nur in ihren Anfängen. 2003 starb er, 62 Jahre alt, an den Folgen eines Hirntumors.

Ende der Neunzigerjahre besuchte ich ihn auf seinem Hof im niederbayerischen Grillenöd, der wirklich so abgeschieden liegt, wie der Name vermuten lässt. Zimen hatte gerade geschlachtet und brutzelte frische Kalbsleber, was ihm den Anlass bot zu einem langen Monolog über die Arbeitsteilung der Geschlechter, die Liebe und den Hund. Gerade hatte er einen wunderbaren Film gedreht über den Rentierhirten Merime vom nordsibirischen Volk der Nganasanen, der nach dem Zusammenbruch einer Rentier-Sowchose mit seiner Familie in die Tundra gezogen war, um wieder wie seine Vorfahren als jagender Nomade zu leben. Dieser Versuch, die Uhr der kulturellen Evolution zurückzudrehen, faszinierte Zimen über die Maßen. Nun hatte er erfahren, dass Merimes Frau gestorben war. Kann ein Jäger in der Tundra ohne Frau überleben, die das Feuer hütet, kocht und die Kleidung in Ordnung hält?

Die Frage, wie aus dem Wolf der Hund werden konnte, hatte ihn auf die Rolle der Frauen in der kulturellen Evolution gestoßen. Er war davon überzeugt, dass bei der Domestikation des Wolfes zum Hund, dem ersten Quantensprung der kulturellen Evolution, den Frauen eine Schlüsselrolle zukam. Wie viele Hirsche, Rehe oder auch Schafe heute von Wölfen gefressen werden, also der ganze Konfliktstoff, mit dem sich das moderne Wolfsmanagement herumplagen muss, das alles interessierte Zimen nicht mehr besonders. Der Wolf war für ihn Wegweiser zu elementaren Fragen der Anthropologie. Nach einem langen Nachmittag in Grillenöd konnte ich etwas besser verstehen, welche kulturellen Resonanzen in der

Faszination mitschwingen, die der Wolf auf die meisten ausübt. Er verkörpert offenbar einen tief verankerten Archetypus des Wilden, der einerseits bedrohlich, andererseits ungemein anziehend ist, einerseits schrecklicher Rachen, andererseits warmer, weicher Pelz. Der Wolf siedelt in der Intimsphäre der Kulturgeschichte. Das unterscheidet ihn vom Biber, vom Kranich, von der Gelbbauchunke und auch vom Luchs. Und das muss man wissen, wenn man Wolfsmanagement betreiben will.

Zunächst waren von den beiden Wildbiologinnen des Büros Lupus in Spreewitz Improvisationstalent und schier grenzenlose Einsatzbereitschaft gefordert. Sie sollten nicht nur ein wissenschaftliches Wolfsmonitoring, also ein System der Beobachtung, Erforschung und Überwachung der Wolfspopulation, aufbauen, sondern auch die Öffentlichkeit kontinuierlich über das Wolfsgeschehen informieren, die Nutztierhalter beim Herdenschutz beraten und mögliche Wolfsrisse begutachten. Nach den ersten Wolfsangriffen auf Schafe, als die Stimmung in der Lausitz zu kippen drohte, beteiligten sie sich auch an der nächtlichen Bewachung der Herden.

Das alles war auf die Dauer von zwei Frauen, die sich eine mager dotierte Stelle teilten, nicht zu bewältigen. Arbeitsentlastung kam, als der Freistaat Sachsen und der damalige Landkreis Niederschlesische Oberlausitz, heute Landkreis Görlitz, 2004 das »Kontaktbüro Wolfsregion Lausitz« einrichteten als zentrale Informationsstelle für alle mit Wölfen zusammenhängenden Fragen. Das Büro ist in einem der traditionellen Schrotholzhäuser des Museumsdorfes Erlichthof in Rietschen untergebracht, der wichtigsten Anlaufstelle für Wolfstouristen in der Lausitz. Von hier aus führen Wander- und Radwege durchs Wolfsgebiet. In einer »Wolfsscheune« gibt es Informationsveranstaltungen und eine Ausstellung zu den Lausitzer Wölfen.

Gesa Kluth und Ilka Reinhardt konnten sich nun auf die wissenschaftlichen und konzeptionellen Aspekte des Wolfsmanagements konzentrieren. Eine entscheidende Aufwertung erfuhr ihre Arbeit mit dem Auftrag des Bundesamtes für Naturschutz, ein nationales Fachkonzept »Leben mit Wölfen« zu erarbeiten. Das 2007 veröffentlichte 180 Seiten starke Papier ist der Leitfaden, an dem sich die Bundesländer mit ihren Wolfsmanagementplänen orientieren. Natürlich sind vor allem die Erfahrungen des sächsischen Wolfsmanagements mit einer kleinen, aber stetig wachsenden Wolfspopulation in diesen Leitfaden eingegangen. Sachsen war nun einmal das Versuchslabor. Andererseits stieß dieses nationale »Forschungs- und Entwicklungsprojekt« des Bundesamtes wichtige Forschungsarbeiten an etwa zur Medienpräsenz des Wolfes und seiner Akzeptanz bei der Bevölkerung oder zum Konfliktfeld Wolf und Jagd.

Was aber ist nun Wolfsmanagement? Und was tun Wolfsmanager? Die Geburt eines Managementplans beginnt mit einem langwierigen Abstimmungsprozess zwischen allen nur denkbaren betroffenen Interessengruppen, denn Wildtiermanagement, heißt es im sächsischen Managementplan von 2009, sei »ein kommunikativer und partizipatorischer Prozess«, die »Vorstellungen der Bevölkerung« hätten in den Managementplan einzufließen. In Sachsen waren zwischen Oktober 2008 und Mai 2009 fünfzig Verbände und Behörden an diesem großen Wolfspalaver beteiligt, das von dem Dresdner Forstwissenschaftler Heinz Röhle moderiert wurde. Bei einer Schlussabstimmung billigten 40 von 45 anwesenden Interessenvertretern das Ergebnis, ein Regelwerk, das »ein möglichst konfliktfreies Nebeneinander von Menschen und Wölfen« möglich machen soll.

Das erwähnte »Fachkonzept« des Bundesamtes für Naturschutz interpretiert die Rechtslage so, dass es keinerlei Optionen für ein steuerndes Einwirken auf die Wolfspopulation gebe, etwa die Festlegung einer maximalen Größe oder die Ausweisung von wolfsfreien Zonen. Der nationale, europäische und internationale Schutzstatus des Wolfes lasse das für die westpolnisch-deutsche Population nicht zu. Managementmethoden, wie sie etwa bei Hirschen angewendet wurden – feste Abschussquoten und die Ausweisung von Rotwildgebieten –, kommen also nicht infrage. Das Ziel kann, was die Wölfe angeht, nur sein, jenen »günstigen Erhaltungszustand« einer Population zu erreichen, der nach dem vom europäischen Artenschutzrecht übernommenen Kriterienkatalog der Internationalen Naturschutzunion (IUCN) neben vielen anderen zu erfüllenden Bedingungen die schon erwähnte Mindestgröße von tausend erwachsenen Tieren voraussetzt. Erst wenn dieser Zustand erreicht ist, kann zum Beispiel darüber nachgedacht werden, ob Abschussquoten für Wölfe erlassen werden sollen.

Wir werden noch sehen, dass in anderen Mitgliedsstaaten der EU, und in Ländern außerhalb der EU ohnehin, der Rechtsstatus der Wölfe nicht so streng ausgelegt wird. Schweden etwa legt sich regelmäßig mit der EU-Kommission an, weil es, bei einem Wolfsbestand weit unter tausend, Abschusslizenzen vergibt, um den Bestand zu deckeln. Außerdem wird es in den Rentierweidegebieten der Samen, also gerade im »wilden« Norden des Landes, nicht geduldet, dass sich Wolfsrudel etablieren. Auch in den französischen Alpen, wo die Schafwirtschaft ein wichtiger Erwerbszweig ist, werden – niedrige – Abschussquoten vergleichsweise großzügig vergeben. In Deutschland aber gilt ohne Wenn und Aber: Nur »Problemtiere«, also etwa solche, die sich Menschen gegenüber aggressiv zeigen oder sich ganz auf das Reißen von Nutztieren spezialisieren, dürfen, wenn andere Mittel nicht greifen, »der Natur entnommen«, also getötet, werden.

Der Wolf bestimmt das Geschehen. Der Mensch hat sich darauf einzustellen. Das schließt nicht nur eine Kontrolle des Wolfsbestandes durch Jagd aus, sondern auch seine Stützung durch das Auswildern von Wölfen. Bei der Wiedereinbürgerung des Luchses wurde und wird das Mittel der Auswilderung angewendet. Luchse haben bei weitem nicht das Ausbreitungspotenzial wie Wölfe. Auch Bären sind etwa in den Pyrenäen und im italienischen Trentino ausgewildert worden. Die deutschen Wölfe aber besiedeln ihre neuen Territorien von ganz allein. Jedenfalls gibt es, wie wir sahen, bei ihnen keinerlei genetische Hinweise auf sogenannte »Kofferraumwölfe«, die in den Köpfen mancher Wolfsgegner herumspuken. Und kaum eine wildlebende Tierpopulation ist genetisch so genau vermessen wie sie. Als die Zeitschrift *Jäger* in einem reißerisch aufgemachten Artikel unter Berufung auf einen anonymen Zeugen behauptete, an der deutsch-polnischen Grenze sei ein Transporter voll mit Wölfen und Luchsen beschlagnahmt worden, stellte die Bundespolizei umgehend klar, dass es sich dabei allenfalls um einen Transporter mit Fahrrädern der Marke »Steppenwolf« gehandelt haben könnte.

Etwas vereinfacht lässt sich sagen, dass Natur- und Artenschutzrecht Bundesrecht ist, dessen Vollzug den Ländern obliegt. Daher kommt es, dass für die Wölfe, die sich weder an föderale Länder- noch an Staatsgrenzen halten, in jedem Bundesland eigene Managementsysteme aufgebaut werden. Sachsen ging modellhaft voran, die anderen Wolfs- und Wolfserwartungsländer richteten sich mehr oder weniger streng nach diesem Vorbild. Gleichwohl haben die Wölfe dem deutschen Föderalismus noch einmal eine bunte Blüte beschert. Von Naturschützern, vor allem vom Nabu, wird vehement die Forderung nach einem »Nationalen Kompetenzzentrum Wolf« erhoben, was insofern einleuchtet, als es gerade in den Wolfsländern Brandenburg und Sachsen-Anhalt, die inzwischen bedeutende Wolfspopulationen aufzuweisen haben, am wissenschaftlichen Monitoring noch hapert. »Lupus« kann nicht alles machen. Andererseits gilt es zu bedenken, dass die Konflikte zwischen Mensch und Wolf immer lokal sind und deshalb die am nächsten liegende Ebene von Politik und Verwaltung in der Verantwortung sein sollte.

In ein grafisches Schaubild übersetzt, sieht die Struktur des modellhaften sächsischen Wolfsmanagements aus wie das Portal eines antiken Tempels. Es ruht auf drei tragenden Säulen. Für Monitoring und Forschung, die erste Säule, sind das Wildbiologische Büro Lupus – ein privater Auftragnehmer – und das Senckenbergmuseum für Naturkunde in Görlitz zuständig. Sie arbeiten eng mit der Fachbehörde des Landes zusammen, der Landesanstalt für Umwelt, Landwirtschaft und Geologie. Die Wildbiologinnen von Lupus und ihre Helfer und Helferinnen sammeln genetisch analysierbares Material, vor allem Kot, dessen DNA im Senckenberg-Forschungsinstitut Gelnhausen isoliert wird. Das Museum in Görlitz untersucht die Zusammensetzung der Wolfsnahrung. In jedem Frühjahr muss anhand von Spuren, mit Fotofallen und direkter Beobachtung die Zahl der Welpen in den einzelnen Rudeln ermittelt werden. Das Wanderverhalten wird mit besenderten Wölfen erforscht. Wolfsnachweise und -beobachtungen werden nach einem Bewertungssystem gewichtet, das für das Monitoring der Luchse in den Alpen entwickelt worden ist. SCALP steht für Status and Conservation of the Alpine Lynx Population und unterscheidet drei Nachweisstufen: definitive Nachweise durch Fotos oder genetische Proben (C1), Meldungen, die von mehreren Experten bestätigt werden und auch als Nachweis gelten (C2), sowie Meldungen, die nicht erhärtet werden können (C3). Alle Daten gehen in einen jährlichen Statusbericht zur sächsischen Wolfspopulation ein.

Die Öffentlichkeitsarbeit als zweite Säule obliegt dem Kontaktbüro Wolfsregion Lausitz. Schadensprävention, -begutachtung und -ausgleich schließlich sind Sache der Landratsämter, die dafür geschulte Wolfsbeauftragte bereitstellen müssen und sich der Expertise von »Lupus« bedienen. Entscheidungen in Entschädigungsfragen trifft letztlich die Landesdirektion, die nach der sächsischen Verwaltungsreform an die Stelle der Regierungspräsidien getreten ist. Projektiert ist ein »Kompetenzzentrum Herdenschutz«, wo erprobt und vermittelt werden soll, wie Weidevieh gegen Wolfsangriffe optimal geschützt werden kann.

Der Leser möge diesen kleinen Ausflug in die Welt der Staatsbürokratie entschuldigen. Er war nötig, weil zur Rückkehr der Wölfe die nur auf den ersten Blick paradoxe Erfahrung gehört, dass in einer hoch komplexen Gesellschaft ein extremer Administrationsbedarf entsteht, wenn man eine Tierart einfach nur gewähren lassen will. Die Wildnis möge kommen, aber bitte auf geordneten Wegen.

Eine entscheidende rechtliche Änderung im sächsischen Wolfsmanagement trat ein, als der Landtag auf Betreiben des Umweltministers Frank Kupfer 2012 den Wolf in das Jagdrecht übernahm, also in die Liste der jagdbaren Tierarten. Am Schutzstatus der Wölfe änderte sich nichts. Sie haben ganzjährig Schonzeit wie auch viele andere Arten, zum Beispiel Luchs oder Wildkatze oder die Greifvögel, die ebenfalls rechtlich »Wild« sind, also dem Jagdrecht unterliegen. Auch das Recht des Jagdausübungsberechtigten, sich Wild anzueignen, das nicht durch Jagd ums Leben kommt, ist beim Wolf ausgesetzt. Die Behörden haben also auf Wolfskadaver unbeschränkten Zugriff.

Es war ein Akt politischer Symbolik, den Wolf zum jagdbaren Wild zu erklären. Dahinter stand die Absicht, die Jäger, die in Sachsen mehrheitlich mit großer Skepsis seiner Rückkehr in die Wildbahn gegenüberstehen, über die im Jagdgesetz verankerte »Hegepflicht« an den Wolfsschutz heranzuführen. Die großen Naturschutzorganisationen und auch die meisten Fachleute liefen Sturm gegen dieses Vorhaben, weil damit das »falsche Signal« gesetzt werde. Die breite Öffentlichkeit werde glauben, die Wölfe seien jetzt zum Abschuss freigegeben. Ob die Befriedung und Konfliktentschärfung, die der Umweltminister im Auge hatte, wirklich eintreten, muss sich erst noch herausstellen. Fürs Erste bedeutet dieser Schritt nur, dass eine weitere Behörde, nämlich die Jagdbehörde, in Wolfsfragen mitzureden hat. Ungeklärt ist bislang die verfassungsrechtliche Frage, ob ein Bundesland über das Jagdrecht, das bei den Ländern liegt, in das Artenschutzrecht eingreifen kann, wofür der Bund zuständig ist.

In Niedersachsen, wo es 2013 drei Wolfsrudel gab, ging man einen anderen, einen interessanten Weg. Was Gesa Kluth und Ilka Reinhardt mit ihrem Lupus Institut in Sachsen sind, ist Britta Habbe in Niedersachsen. Die junge Biologin ist von der Landesjägerschaft 2011 als Wolfsbeauftragte mit einer Vollzeitstelle eingestellt worden. 2012 beauftragte die Landesregierung sehr zum Ärger vieler jagdkritischer Wolfsschützer ausgerechnet diesen Jagdverband mit dem Wolfsmonitoring. Unter den mehr als vierzig vom Umweltministerium ernannten ehrenamtlichen Wolfsberatern in den Landkreisen, die Britta Habbe zuarbeiten, sind sehr viele Jäger. Zwar fordert der Jagdverband die Übernahme des Wolfs ins Jagdrecht. Doch macht er das nicht zur Voraussetzung dafür, sich im Wolfsmanagement zu engagieren. Im Kapitel über Wolf und Jagd werden wir näher auf die Frage eingehen, wie dieser Konflikt gelöst werden kann. Gegen die Jäger haben die Wölfe keine Chance und bleibt aller Wolfsschutz vergeblich. Es muss also so etwas wie ein Burgfriede organisiert werden.

Die im Auftrag des Bundesamtes für Naturschutz und des Görlitzer Naturkundemuseums von der Freiburger Forstwissenschaftlerin Petra Kaczensky erarbeitete Studie über die Medienpräsenz der Wölfe und ihre Akzeptanz in der Bevölkerung kam 2006 zu dem Schluss, dass Deutschland im europäischen Vergleich eine der wolfsfreundlichsten Nationen sei. Im sächsischen Wolfsgebiet standen nur 16 Prozent der Befragten den Wölfen eindeutig ablehnend gegenüber, in den anderen Erhebungsgebieten in Brandenburg und den Großstädten Dresden und Freiburg war der Anteil der Wolfsgegner halb so hoch. Allerdings ist die Datenbasis dieser Erhebung ziemlich schmal. Und seit dieser Studie hat sich die Zahl der Wölfe in Deutschland vervielfacht. Anfang 2014 führte das Marktforschungsinstitut YouGov im Auftrag des WWF eine repräsentative Umfrage zur Wolfsakzeptanz durch. Danach freuen sich 71 Prozent der Befragten über die Rückkehr der Wölfe, nur 15 Prozent stehen ihr kritisch gegenüber. Im Wolfsland Sachsen verschiebt sich das Bild ein wenig. Der Anteil der Wolfsfreunde ist hier mit 58 Prozent deutlich geringer, jedoch immer noch in der Mehrheit. Zu einem etwas anderen Bild kommt im Frühjahr 2014 eine Erhebung des Bundesamtes für Naturschutz über das Naturbewusstsein der Deutschen. Danach sprachen sich nur 44 Prozent der Befragten für eine weitere Verbreitung der Wölfe aus. 41 Prozent waren dagegen.

Man muss bei diesen demoskopischen Momentaufnahmen berücksichtigen, dass in solche Meinungsbilder so gut wie keine direkte Erfahrung mit Wölfen einfließt. Wo immer Wölfe neu auftauchen und sich tatsächlich bemerkbar machen, bringen sie die Gefühle durcheinander. Die Deutschen sind noch nicht so weit, den Wölfen mit der nüchternen Gelassenheit zu begegnen, die eigentlich angebracht wäre.

Wölfe und Schafe

Es gab keine Zeugen. Aber so, wie sich die Fernsehredakteurin Beatrix Stoepel in ihrem Wolfsbuch die Szene ausgemalt hat, könnte es gewesen sein in jener Aprilnacht des Jahres 2002, des dritten deutschen Wolfsjahres, als ein blutiges Massaker an Schafen, dem mehr als dreißig Tiere zum Opfer fielen, den brüchigen Frieden zwischen Mensch und Wolf bedrohte: Die Fähe des Muskauer Wolfspaares hatte gerade ihren dritten Wurf Welpen zur Welt gebracht. Es wurde eng im Territorium und Zeit für die Erstgeborenen des Jahres 2000, sich eigene Reviere zu suchen. Die nun zwei Jahre alten Geschwister, eine Fähe und drei Rüden, hingen aneinander und unternahmen weite Streifzüge durch die Wälder, Tagebaue und Teichlandschaften der Lausitz.

Normalerweise machen sich Jungwölfe allein auf die Wanderschaft, wenn es Zeit ist, das Elternrudel zu verlassen. Diese vier Wurfgeschwister blieben allerdings immer noch zusammen.

Sie sind als Jäger noch ungeschickt. An der Landstraße finden sie an diesem Abend kein Aas. Mit Verkehrsopfern vom Igel bis zum Reh stillen sie oft wenigstens ihren gröbsten Hunger. Die Mäuse, die sie erwischen, machen nicht satt. Sie schnüren durch den Wald von Weißwasser und nähern sich dem Dorf Mühlrose. Von den Wiesen, die an den Wald grenzen, strömt ihnen ein erregender Geruch in die Nasen. Ihnen ist sofort klar, dass da Beute in Aussicht steht. Aber sie bleiben misstrauisch, denn dieser Geruch ist ganz anders als der, den sie von den Rehen und Wildschweinen kennen, die sie mit ihren Eltern gejagt haben. Zögernd bewegen sie sich auf den Waldrand zu. Die Schafe liegen wiederkäuend auf einer Koppel, die direkt an den Wald grenzt. Ein rotes Drahtgeflecht irritiert die Wölfe sehr. Sie sind hin und her gerissen zwischen Furcht und Jagdlust und folgen erst einmal lieber der frischen Witterung von Wildschweinfährten. Das führt sie zu der Stelle, an der die Schwarzkittel den Zaun angehoben haben. Der Weg zu den Schafen ist frei.

Die Wölfin packt als Erste zu, springt einem Schaf an die Kehle, zieht es nieder, hält es fest, bis das Leben aus ihm gewichen ist. Ihre Brüder tun es ihr nach. Die Schafe rudeln sich zusammen, suchen nicht das Weite. Eigentlich wollen die Wölfe von ihrer dampfenden Beute fressen. Doch vor ihren Augen ballt sich verzweifelt blökend noch viel mehr Beute zusammen. Sie können nicht anders und packen immer wieder zu. Als der Morgen heraufzieht, sind sie erschöpft. Ein Schaf haben sie hastig fast ganz verschlungen, andere angefressen. Die meisten der fünfzehn Kadaver zeigen nur den typischen Drosselbiss. Die Wölfe wissen, dass sie wiederkommen werden in dieses Schlaraffenland. Warum sollen sie sich die Mühe machen, Rehe und Wildschweine zu jagen, wenn ihnen auf der Schafkoppel das Futter so leicht erreichbar vorgelegt wird? Sie kommen wieder, wenige Tage später, und töten noch einmal so viele Schafe.

Diese Nacht hatte etwas von einer Schicksalsnacht. Sie hätte auch das Ende des sächsischen Wolfsexperiments einläuten, die Stimmung vollends zum Kippen bringen können. Reißende Wölfe in einer Schafherde – Utz Anhalt spricht vom »Trauma des Abendlandes«, aus dem der hymnische Dankgesang des 23. Psalms geboren ist: »Der Herr ist mein Hirte, mir wird nichts mangeln. Er weidet mich auf einer grünen Aue und führet mich zum frischen Wasser. Er erquicket meine Seele. Er führet mich auf rechter Straße um seines Namens willen. Und ob ich schon wanderte im finsteren Tal, fürchte ich kein Unglück, denn du bist bei mir, dein Stecken und Stab trösten mich.« Die Buchreligionen Judentum, Christentum und Islam entspringen Hirtenkulturen. Das Hüten und das Behütetwerden bilden das Grundmuster der Weltordnung. Im Dunkel grauer Vorzeit sind die Tiergötter der Jägerkulturen verschwunden und mit ihnen auch der Wolf als verehrungswürdiger Genosse. Für die Hirten ist er der Inbegriff des Feindlichen.

Ökonomisch gesehen, sind Schafe und Schäferei heute ein eher marginaler Zweig der Landwirtschaft, jedenfalls in Mitteleuropa. Etwa 1,5 Millionen Schafe werden in

Deutschland gehalten. Innerhalb von zehn Jahren ist der Bestand um 40 Prozent gesunken. In Brandenburg und Sachsen, den Ländern mit den meisten Wölfen, stehen jeweils etwas mehr als 70 000 Schafe. Aber diese Schafsfreunde betrüblich stimmenden Zahlen dürfen nicht darüber hinwegtäuschen, dass Schafe kulturell hoch aufgeladen sind und ihr Gefühlswert beträchtlich ist. Noch heute glauben Menschen oder möchten gern glauben, dass die Welt heil ist, wo ein Hirte seine Herde weiden lässt. Die biblische Überlieferung wirkt nach, und sie wird im modernen Deutungsrahmen der Ökologie erneuert.

Schäferei gilt als extensive, den Naturhaushalt schonende, ja fördernde Form der Landnutzung und insofern als praktizierter Naturschutz. Nicht umsonst steht die Wiege der deutschen Naturschutzidee und -bewegung in der Lüneburger Heide, sozusagen umringt von blökenden Heidschnucken. Im Wacholderhain von Tietlingen bei Walsrode, wo dem Heidedichter Hermann Löns ein Grabmal errichtet wurde, kann man durch einen musealen Flecken dieser Gemütslandschaft wandeln. Einen großen Teil des Einkommens aus Schafhaltung machen heute die öffentlichen Gelder aus, die an Schäfer für die Pflege von Naturschutzflächen gezahlt werden. Mit anderen Worten: Nicht nur die Schäfer hüten die Schafe. Das ist eine Aufgabe, deren sich viele annehmen.

Es wäre also durchaus verständlich gewesen, wenn das blutige Schafsmassaker, das die »Viererbande« anrichtete, eine so feindselige Stimmung gegen die Wölfe entfacht hätte, dass die Wolfsschützer aus Ämtern und Naturschutzverbänden kein Gehör mehr gefunden hätten und das »Wolfsproblem«, Schutzstatus hin oder her, durch diskrete Kugeln gelöst worden wäre. Es kam aber nicht so. Im Gegenteil: Die Wolfsangriffe wurden zum Anstoß für ein wirkliches Wolfsmanagement in Sachsen und für den ernsthaften Versuch, wider alle Wahrscheinlichkeit Wege für ein erträgliches Nebeneinander von Wölfen und Schäfern zu suchen. Die Herde, die zum Angriffsziel der Wölfe geworden war, gehörte dem Schäfer Frank Neumann aus Rohne. Er wusste nach den Wolfsangriffen nicht, wie es weitergehen sollte. Aber er traf eine kluge Entscheidung. Er wies den Wolfsbiologinnen Gesa Kluth und Ilka Reinhardt, die bald darauf das Wildbiologische Büro Lupus gründen sollten, nicht die Tür, sondern ließ sich darauf ein, mit ihnen zusammen über neue Wege des Herdenschutzes – die zumeist ganz alte sind – nachzudenken und sie zu erproben.

Neumann, der seinen Schäfereibetrieb mit 700 Mutterschafen inzwischen an seinen Sohn übergeben hat, erlernte das Schäferhandwerk, wie es in Mitteleuropa üblich ist. Er hütete seine Herden mit Hütehunden, oder er koppelte sie ein. Herdenschutz gegen große Beutegreifer wie Wolf, Luchs oder Bär war nicht nötig. Jetzt wurde Neumann zum Protagonisten einer veritablen Kulturrevolution in der Schäferei. So kann man den Einsatz von Herdenschutzhunden in einem Gebiet, in dem diese uralte Kulturtechnik seit Generationen ausgestorben ist, durchaus bezeichnen. Schäfer Neumann wurde der Herdenschutzhund-Pionier der Lausitz. Er begann mit der

Zucht von Pyrenäenberghunden und stellte sich mit seinen Hunden als eine Art schnelle Eingreiftruppe zur Verfügung, wenn eine Schafherde ins Visier eines Wolfsrudels geriet. Finanziell unterstützt wurde er dabei vom Freistaat Sachsen.

Mit diesen Hunden wird eine Methode des Herdenschutzes, die bislang höchstens noch in abgelegenen Gebirgsgegenden der Pyrenäen, des Apennin oder der Karpaten verbreitet war, in eine Landschaft importiert, die durch und durch Kulturlandschaft ist. Herdenschutzhunde – wir werden uns noch eingehender mit ihnen beschäftigen – sind etwas völlig anderes als Hütehunde. Diese treiben und lenken die Herde, sammeln versprengte Tiere ein. Sie arbeiten nach dem Kommando des Schäfers auf Zuruf und Handzeichen, sie sind sozusagen sein verlängerter Arm. Typische Hütehunde sind Border Collies und die altdeutschen Hütehundschläge wie Schafpudel, Gelbbacken oder Füchse. Die Zusammenarbeit solcher Hunde mit dem Schäfer zu beobachten bereitet jedem Hundefreund ästhetischen Genuss, sie ist wahrhaftig eine Kunst.

Bei Herdenschutzhunden kommt es nicht auf die Kooperation von Schäfer und Hund an, sondern gerade auf eine gewisse Distanz. Die Hunde sollen zwar so weit an den Menschen gewöhnt werden, dass sie sich etwa ins Auto verfrachten oder vom Tierarzt behandeln lassen. Ihre ersten »Bezugspersonen« müssen jedoch die Schafe sein. Sie wachsen in der Schafherde auf und sollen sie gegen Raubtiere verteidigen, zunächst durch warnendes Gebell, wenn es sein muss, aber auch im Kampf gegen sie.

Rat suchte sich Neumann bei dem Schweizer Herden-schutzexperten Jean-Marc Landry, der seit vielen Jahren in den Alpen mit Herdenschutzhunden arbeitet. Neu-mann seinerseits hat seine Erfahrungen inzwischen an manchen Kollegen weitergegeben. Auch Frank Hahnel aus Müncheberg in der Märkischen Schweiz war bei ihm in der Lausitz. Er wollte gerüstet sein für den Fall, dass aus dem einzelnen Wolf, der durch seine Weidegebiete streif-te, und auch das nur gerüchteweise, ein Rudel würde.

Nein, es ist nicht so, dass Hahnels Gedanken dauernd um den Wolf kreisen. Aber der Wolf ist eben ein weiteres Problem, das zu all den Problemen hinzukommt, die Schäfer ohnehin schon haben. Krisen, sagt Hahnel, als wir ihn auf seinem Hof besuchen, seien heute auch nicht mehr das, was sie früher einmal waren. Früher sei in Kri-sen die Nachfrage nach Wolle gestiegen. Man brauchte Wolle für Decken und Uniformen. In gefährlichen Zeiten ging es den Schäfern gut. Als 2008 die Finanzkrise aus-brach, erinnert er sich, fiel der Wollpreis in den Keller. Er war ohnehin nicht hoch. Aber die Kosten für das Scheren, die kamen wenigstens herein. 2008 gab es nur noch 50 Cent pro Kilo, macht etwa 1,50 Euro pro Schaf. Das Scheren kostet zwei Euro.

Hahnel hat das Weltgeschehen im Blick. Er sieht einen direkten Zusammenhang zwischen seinem Ertrag aus der Schafwolle und der chinesischen Nachfrage. Die Chine-sen seien große Wollkäufer. Am Beginn der Finanzkrise hätten sie sich total zurückgehalten – bis ihre Lager leer waren. Jetzt kauften sie wieder wie verrückt. Aus der letzten Schur im Frühjahr erlöste er 1,60 Euro pro Kilo Wolle. Da blieb am Ende bei 400 Mutterschafen und ihrem Nachwuchs sogar ein hübsches Sümmchen übrig. Nicht dass die Wolle sein Hauptgeschäft wäre, nein, diese Zeiten sind seit hundert Jahren vorbei. Aber geschoren werden müssen die Schafe nun einmal, und da will er wenigstens nichts draufzahlen.

Die Wolle hat er nie ganz aus den Augen verloren. Deshalb hält er Merinolandschafe, eine Zweinutzungsrasse. Sie erbringen viel hochwertige, feine Wolle. Vielleicht hat diese Naturfaser ja eine große Zukunft. Die Merinos setzen aber auch gut Fleisch an. Der Verkauf der Schlachtlämmer ist der wichtigste Einnahmeposten – neben den verschiedenen Prämien, aber davon später. Hahnel verkauft seine Lämmer im Herbst an einen Händler, der sie nach Frankreich exportiert. Märkisches Lammfleisch hat dort einen guten Ruf. Zu Hause hapert es mit der Nachfrage eher. Es gibt nicht genug Feinschmecker. In der regionalen Selbstvermarktung sieht Hahnel für sich keine Chance. Er produziert für den Weltmarkt.

Der dritte Vorteil der Merinolandschafe ist ihre Marschfähigkeit. Sie sind gut zu Fuß. Hahnel ist zwar kein Wanderschäfer, aber seine Weideflächen liegen zum Teil weit auseinander. Da muss er schon einmal 10, 15 Kilometer über Land ziehen.

Wir sind auf einer Wiese am Ortsrand von Müncheberg in der Nähe eines Verkehrskreisels verabredet. Hier hat die Herde – 400 Muttern (so nennt man die Mutterschafe) mit Jährlingen und Lämmern, zusammen etwa tausend Tiere – einen Tag und eine Nacht fressend und wiederkäuend verbracht. Jetzt muss sie auf eine andere Weide geführt werden. Am Morgen hatte bei uns das Handy geklingelt. Der Schäfer war dran, wir sollten uns beeilen, er könne die Herde nicht mehr lange halten, der nächtliche Platzregen habe das Futter, das noch übrig sei, niedergedrückt. Wir hetzen zur Schäferidylle, von Berlin aus 80 Kilometer nach Osten. Als wir ankommen, hat die Herde beschlossen, doch noch einmal eine Verdauungspause einzulegen. Die Schafe dösen in der Sonne. Auch der Schäfer ist völlig entspannt. Das sei doch ein friedvolles Bild, wie die Viecher in der Sonne lägen, sagt er. Einen großen Filzhut trägt er heute, die Schäferschippe und den breiten ledernen Schultergurt, an dem das Kettengehänge für die Hunde befestigt ist. Man hält etwas auf Tradition im Schäferstand.

Der neue Weideplatz liegt nur wenige hundert Meter entfernt. Aber der Weg dahin führt über eine Brücke. Durch diesen Engpass müssen die tausend Tiere. Anders geht es nicht. Die beiden Hütehunde, ein Schwarzer Altdeutscher und eine Gelbbacke, warten ungeduldig im Pick-up auf ihren Einsatz. Erst einmal müssen die vier Herdenschutzhunde, eine Hündin mit drei halbwüchsigen Jungen, aus der Herde genommen werden, weil es sonst zu heftigen Auseinandersetzungen zwischen den beiden Hundefraktionen kommen kann. Hahnel hat seine serbische Hirtenhündin mit einem Pyrenäenberghund gekreuzt. Das Ergebnis nennt er »Brandenburgischer Herdenschutzhund«. Besonders furchterregend wirken seine Hunde nicht. Als wir über den Elektrozaun steigen, werden wir freundlich beschnüffelt. Anstandslos lassen sie sich ins Auto verfrachten.

Die Gelbbacke hat Hahnel inzwischen an der Kette, der Schwarze jagt wie ein Blitz um die Herde herum, an deren Spitze sich nun der Schäfer setzt. Gemessenen Schrittes und unter unablässigem Blöken der Schafe geht es auf die Brücke zu. Auf der einen Seite staut sich die Herde, auf der anderen quillt sie heraus. Es will kein Ende nehmen. Jetzt erst merkt man, wie viele Tiere das sind, die sich auf der weitläufigen Weide verteilt hatten. Ein Stück geht es noch einen Feldweg entlang, dann ergießt sich die Herde in ein üppig grünes Tälchen. Das Gras steht den Schafen bis zum Bauch. Gierig beginnen sie sofort mit dem Fressen. Die Gelbbacke und der Schwarze kommen zurück ins Auto, die Herdenschutzhunde werden wieder zu den Schafen gelassen. Das funktioniert nicht ganz so, wie Hahnel sich das vorstellt. Die Halbwüchsigen beginnen, spielerisch Schafe zu jagen, bringen Unruhe in die Herde. Hahnel muss eingreifen. Es läuft noch nicht rund mit dem Herdenschutz.

Warum er den Aufwand mit den Herdenschutzhunden betreibe, wollen wir vom Schäfer wissen. Mindestens ein Wolf, sagt er, sei in der Märkischen Schweiz unterwegs, auch wenn »der Naturschutz« nicht gern davon rede, weil er fürchte, die Leute könnten rebellisch werden. Doch habe es schon Schafrisse gegeben. Der Wolf sei da, daran gebe es keinen Zweifel. Hahnel hat sich mit dieser Herausforderung früh auseinandergesetzt, sich mit Kollegen im Wolfsgebiet der Lausitz ausgetauscht, Schulungen besucht. In seiner Gegend ist er ein Herdenschutzpionier. Es hapert bei seinen Kollegen aber noch an Problembewusstsein. Von einem reißenden Absatz seiner Welpen jedenfalls kann keine Rede sein. An Privatleute möchte er sie nicht verkaufen. Mit denen könne man nicht spazieren gehen, sagt er.

Wir fahren ins Rote Luch. Das weite Wiesental trennt den Höhenrücken des Barnim vom Lebuser Land im südlichen Oderbruch. Hahnel hat hier 40 Hektar von einer Naturschutzstiftung günstig gepachtet, der das Land vor Jahren von der Treuhand übertragen worden ist. Er will schauen, ob er nach dem vielen Regen der letzten Zeit schon mähen kann. Er braucht Heu für den Winter. Wenn das Gras nach dem ersten Schnitt wieder aufgewachsen ist, wird er die Herde hierherführen. Das ist dann ein weiter Weg. Am Waldrand steht Rotwild, durchs Grün staken Störche. Irgendwo hier verschlafe der Wolf den Tag, sagt Hahnel. Gesehen hat er ihn noch nicht.

Er habe schon immer Schäfer werden wollen, sagt er, frei und selbstständig. In Güstrow ging er in die Lehre, dann leistete er seinen Militärdienst ab, und danach fing er als Schäfer auf dem volkseigenen Gut in Müncheberg an. Hahnel hat gute Erinnerungen an den Sozialismus. Er sei für 200 Schafe verantwortlich und sein eigener Herr gewesen. 1991 machte er sich selbstständig, auf 15 Hektar gepachtetem Kirchenland. Sein Betrieb wuchs schnell. Ein entscheidendes Treibmittel dieses Wachstums war die Mutterschafprämie. Je mehr Muttern er hielt, desto reicher floss das Geld aus dem EU-Agrartopf, 21 Euro pro Nase. 2005 hatte er 1800 Schafe in drei Herden, beschäftigte zwei Angestellte und bildete zwei Lehrlinge aus, einer davon sein ältester Sohn, der jetzt eine Zweitausbildung als Logistiker macht. Schäfer will keines seiner fünf Kinder werden. Die Gründe dafür liegen zum Teil in Brüssel.

Mit der Agrarreform von 2003 begann die Umstellung von Tierprämien auf Flächenprämien. Es sollten keine Produktionsanreize mehr gegeben werden. Die Mutterschafprämie schmilzt dahin. Jetzt, im Jahr 2014, ist von ihr nichts mehr übrig. Für Hahnel heißt das: Weniger Schafe, mehr Land, keine Angestellten mehr und auch kein Lehrling. Er bewirtschaftet heute rund 250 Hektar Grünland, davon sind 40 Hektar sein Eigentum. Größtenteils liegen seine eigenen Flächen auf einem ehemaligen Militärgelände, in dessen Bunkern er sein Heu lagert. Um die Flächenprämie in voller Höhe zu erhalten, müssen Landwirte bestimmte Bedingungen im Umwelt-, Landschafts- und Tierschutz erfüllen. Das heißt nun nicht, dass die Subventionen allein in Hahnels Tasche fließen. Auf den Flächen, die er bewirtschaftet, hat er ganz unterschiedliche Rechte. Hier erhält er die Prämie, dort muss er Pacht bezahlen. Eine gute Einnahmequelle wäre der Vertragsnaturschutz, aber die Märkische Schweiz verfügt über so viele naturschutzwürdige Biotope, dass sie von der Naturschutzbehörde gar nicht alle in Obhut genommen werden können. Dazu reicht das Geld nicht. Und so beweiden Hahnels Schafe ökologisch wertvollste Trockenrasen, Schatzkammern der Artenvielfalt, ganz ohne Vergütung. Nur aus dem »Kulturlandschaftsprogramm« (Kulap) der EU bekommt er zusätzlich etwas Geld. Hahnel kennt sich im Dickicht des europäischen Agrarsystems aus. Er hat das alles im Kopf. Unterm Strich setzt sich sein Einkommen zu 60 Prozent aus öffentlichen Subventionen und zu 40 Prozent aus der Schafproduktion zusammen.

Hahnel ist geschmeidig, schlau, auch ein politischer Kopf. Für die Linke sitzt er im Gemeinderat. Sein Handy klingelt unablässig. Gegen eine neue Zumutung aus Brüssel, die vielen Schäfern den Garaus machen könnte, kämpft er verbissen. Das Schreckenswort heißt »Elektronische Einzeltierkennzeichnung«. Die Schäfer erstickt dieses Monster in Bürokratie und zusätzlichen Kosten, den Schafen zerstört es die Ohren. Reden wir zuerst von den Ohren. Schafe haben sehr unterschiedliche Ohren, Merinos zum Beispiel ziemlich lange, hängende. Die Ohren der Texelschafe sind klein, spitz und abstehend. Dazwischen gibt es alle Abstufungen. Ältere Schafe müssen inzwischen drei Ohrmarken tragen. Zuerst wurde ihnen beim ersten Besitzerwechsel die Bestandsmarke appliziert, ein kleiner Clip, auf dem Herkunft und Betriebsnummer verzeichnet sind. Nachdem in England die Maul- und Klauenseuche ausgebrochen war, verlangte Brüssel wegen der Rückverfolgbarkeit, dass jedes einzelne Tier mit einer Nummer gekennzeichnet werden müsse. Diese Ohrmarke war schon deutlich größer. Und seit 2010 müssen diese Einzeltiermarken mit einem elektronischen

Chip versehen sein, Kostenpunkt 2,10 Euro pro Stück. Die Ohren der älteren Muttern in Hahnels Herde sehen aus, als hätten die Mäuse daran gefressen. Die Marken reißen nämlich aus, wenn die Schafe im Gebüsch ihrer Naturschutzarbeit nachgehen. Es funktionieren auch nicht alle Lesegeräte für alle Marken. Kurz: Es herrschen ein ziemliches Chaos und Aufruhr unter den Schäfern. 2013 hofften sie noch auf den Europäischen Gerichtshof, der klären sollte, ob solche Schikanen mit der Berufsfreiheit vereinbar seien. Denn betroffen davon sind nur Schaf- und Ziegenhalter. Die Hoffnung hat sich inzwischen zerschlagen.

Wer nüchtern kalkuliert, muss die Schafzucht eigentlich aufgeben. In wohl keinem Zweig der Landwirtschaft liegt das Einkommen niedriger. Die elektronischen Ohrmarken und die Wölfe werden noch mancher Schäferei den Garaus machen. Die Zahl der Betriebe sinkt. Doch eigentlich muss man sich wundern, wie viele Schäfer trotz allem durchhalten. Es gibt Menschen, die ohne Schafe nicht leben können. Es gibt wenige Berufe, die so viel Idealismus und Bereitschaft zur Selbstausbeutung verlangen wie die Schäferei. Vom Wolf aber kann jener kleine Anstoß kommen, der nötig ist, um Schäfer, die sich mit ihrem Betrieb an der Grenze der Wirtschaftlichkeit abrackern, von der Vergeblichkeit ihres Tuns zu überzeugen.

Tausende Proben von Wolfskot hat das Museum für Naturkunde in Görlitz untersucht. Man weiß ziemlich genau, was Deutschlands Wölfe fressen. Das Reh ist mit Abstand ihre Lieblingsspeise, gefolgt von Wildschwein und Rothirsch. Nutztiere, fast ausschließlich Schafe, machen nur 0,5 Prozent ihrer Nahrung aus. Allerdings reißen Wölfe, wenn sie denn einmal in eine Koppel einbrechen, meist mehr Schafe, als sie vertilgen können. Es geht zwar nicht immer so blutig zu wie bei den frühen Überfällen der »Viererbande«. Aber im Allgemeinen übersteigt die Zahl der getöteten die der gefressenen Schafe. Gleichwohl: Auch wenn man diesen Faktor berücksichtigt, bleibt der materielle Schaden, den Wölfe an Nutztieren anrichten, in den bisherigen deutschen Wolfsgebieten überschaubar. Die Statistiken erfassen die Schadensfälle, bei denen der Wolf als Täter bestätigt oder nicht ausgeschlossen werden konnte. In Sachsen fielen demnach zwischen 2002 und 2013 409 Schafe, 20 Ziegen, zwölf Stücke Gatterwild und ein Hund den Wölfen zum Opfer. In Brandenburg waren es seit 2007, dem ersten Jahr mit territorialen Wölfen, 365 Schafe, 56 Stück Gatterwild, fünf Kälber und vier Ziegen. Das Land zahlte insgesamt rund 66 000 Euro Schadensausgleich an die Geschädigten, durchschnittlich also weniger als 10 000 Euro pro Jahr, ein Betrag, der selbst einem finanzschwachen Bundesland keine unüberwindlichen Probleme bereitet.

Die Wolfsmanagementpläne schreiben das Prozedere des Schadensausgleichs genau vor. Von Sachverständigen müssen Rissprotokolle erstellt werden, in denen der Wolf als Urheber festgestellt, nicht ausgeschlossen oder ausgeschlossen wird. Ansprüche auf Schadensersatz sind in den ersten beiden Fällen gegeben, wenn, und auch das hat der Sachverständige zu ermitteln, der Schafhalter die zumutbaren Sicherheitsvorkehrungen getroffen hat. Sachsen ist großzügig und verlangt diese Schutzvorkehrungen nur im amtlich festgestellten Wolfsgebiet, das sich aus den Wolfsterritorien und einer 30-Kilometer-Zone um sie herum ergibt. Außerhalb von Wolfssachsen werden Wolfsschäden in jedem Fall ausgeglichen. Schwierig ist die Abgrenzung von Haupterwerbs-, Nebenerwerbs- und Hobbyschafhaltern. Bei gewerblichen Schäfereibetrieben wird ein betriebswirtschaftlicher Gesamtschaden errechnet, die anderen erhalten den aktuellen Marktwert der Tiere ersetzt. Nach dem europäischen Agrarrecht bewegt sich dieser Teil des Wolfsmanagements in einer Grauzone. Die Grenze zu unerlaubten Subventionen soll nicht überschritten werden. Deshalb gilt die sogenannte De-minimis-Regel, eine Art salvatorische Klausel: Ausgleichszahlungen an einen Empfänger dürfen sich in drei aufeinanderfolgenden Jahren auf nicht mehr als 7500 Euro summieren.

Als zumutbare Schutzvorkehrung gilt ein mindestens 90 Zentimeter hoher Elektrozaun oder ein 1,20 Meter hoher fester Maschendrahtzaun. Beide müssen mit einem Unterwühlschutz versehen sein. Haben Wölfe gelernt, die Elektrozäune zu überspringen, kann zusätzlich ein über dem Zaun gespanntes Flatterband, wie man es von Pferdekoppeln kennt, zum Schutzstandard erklärt werden. Herdenschutzhunde ersetzen dieses Flatterband. Die Anschaffung der entsprechenden Herdenschutzausrüstung wird in Sachsen zu 60 Prozent gefördert, in

Brandenburg bis zu 75 Prozent, allerdings werden Hobbyschafhalter hier ausgenommen. Die Unterschiede ergeben sich aus der unterschiedlichen Inanspruchnahme europäischer Fördertöpfe. Es würde zu weit führen, das im Einzelnen darzulegen.

Es sollte klar geworden sein, dass für den modernen Schäfer der Wolf vor allem ein bürokratisches Monster ist und eine Quelle zusätzlicher Arbeit. Ein Schafszaun, der Wölfe draußen halten soll, ist nun einmal sehr viel aufwändiger als einer, der die Schafe nur drinnen halten soll. Und wie soll es ein Schäfer schaffen, einen solchen Zaun mit Unterwühlschutz alle paar Tage zu versetzen? In der Zeitschrift *Schafzucht*, dem Zentralorgan der deutschen Landesschafzuchtverbände, nimmt das Thema »Herdenschutz« von Jahr zu Jahr größeren Raum ein. Der Ton ist noch gar nicht einmal wolfsfeindlich. Die Schafwirtschaft weiß ganz genau, dass sie den Naturschutz der Ämter und Verbände zum Überleben braucht, denn er stellt einen erheblichen Teil der Weideflächen zur Verfügung. Da kann man dem derzeitigen Naturschutz-Superstar Wolf nicht den Krieg erklären, jedenfalls nicht in Deutschland. Aber welche Kluft sich zwischen Richtlinie und Realität auftun kann, das wird mit zunehmender Dringlichkeit erörtert. An den Deichen der Küsten, Schafweideland par excellence, seien weder Herdenschutzhunde noch Zäune mit Unterwühlschutz möglich, sagt der Vorsitzende des Schafzuchtverbandes Niedersachsen. Dem einen stehe der Tourismus, dem anderen der Hochwasserschutz entgegen.

Professionell geführte Schäfereien im ost- und norddeutschen Flachland scheinen am ehesten dazu bereit und in der Lage zu sein, sich auf den Wolf einzustellen. Das Herdenmanagement wird zwar aufwändiger, aber der Schutz mit Zaun und Hund ist in der Ebene wenigstens so wirkungsvoll, dass Schäden sofort drastisch zurückgehen, wenn diese Schutzmethoden erst einmal eingeführt sind. Schäfer Neumann erschloss sich durch seine Herdenschutzhunde sogar ein neues Geschäftsfeld. Er hat durch sie mit den Wölfen zwar nicht seinen Frieden gemacht, sich aber immerhin mit ihrer dauerhaften Anwesenheit arrangiert. In einem Raum seines Hofes bewahrt er Erinnerungsstücke an sein Schäferleben auf, Fotos seiner Hütehunde, die Schäfertracht mit Weste, Tasche und Hut, eine fein gearbeitete Schäferschippe – und ein Bild der bereits erwähnten Wölfin »Einauge«, die in der Nähe des Nochtener Tagebaus Jahr für Jahr Welpen aufzog und, bis sie 2013 wahrscheinlich in Auseinandersetzungen mit einem benachbarten Rudel getötet wurde, eine der fruchtbarsten Urmütter der deutschen Wolfspopulation war. Das Foto hängt zwischen zwei mächtigen Abwurfstangen eines Hirschs. Es hat einen Ehrenplatz.

Je weiter nach Süden man in Deutschland kommt und je gebirgiger es wird, desto geringer sind die Aussichten, dass Schäfer für Wölfe solch kritischen Respekt entwickeln. Das hat praktische Gründe, vor allem aber solche der bäuerlichen Kultur. Als in den Jahren 2010/11 ein Wolf durch das Rotwandgebiet oberhalb des Spitzingsees in Oberbayern streifte und neben Rotwild und Gämsen auf der Alm auch Schafe riss, zeigte sich drastisch, wie weit man hier in dieser blau-weißen Seelenlandschaft und traditionsreichen Fremdenverkehrsregion davon entfernt ist, an eine friedliche Koexistenz von Landwirten und Wölfen auch nur zu denken. Die Almwirtschaft ist ein Kernelement des bayerischen Lebensgefühls und der Tourismuswerbung. An diesem alpenländischen Kulturgut darf sich kein Politiker versündigen. Das gilt umso mehr, als die extensive Beweidung der Almen auch naturschutzfachlich als ein Musterbeispiel einer Landnutzung angesehen wird, die der Artenvielfalt nicht nur nicht schadet, sondern ihr dient. In diese Kulisse bricht nun der Wolf ein, die gefeierte Ikone des Artenschutzes, der die Politik, die an nationales und internationales Recht gebunden ist, auch in Bayern huldigen muss.

Die Schafe sind sozusagen das Salz in der Suppe der extensiven Almwirtschaft. Sie grasen auch dort, wo die Kühe nicht mehr hingehen. Es gibt keine großen Schafherden in den bayerischen Alpen. Die Tiere verteilen sich in kleinen Gruppen und weiden frei. Unter den Schafbesitzern sind viele Nebenerwerbslandwirte. Sie halten sich ein paar Schafe und bringen sie auf die Alm, damit die Weiderechte, die in den Familien von Generation zu Generation vererbt werden, nicht verfallen. Man sieht, hier sind die mit der Schafhaltung verbundenen Gemütswerte in besonderer Weise im Spiel.

Im »Almwirtschaftlichen Verein Oberbayern« formierte sich der Widerstand gegen den amtlichen Wolfsschutz.

Die Bauern unterstellten der Landesregierung und den Naturschutzverbänden systematische Desinformation der Öffentlichkeit. Ihr werde das »Märchen vom guten Wolf aufgetischt«, heißt es in einer Resolution. Der Vorsitzende Georg Mair gab in einem Gespräch mit dem *Münchner Merkur* zu Protokoll, dass alle von den Behörden propagierten Herdenschutzmaßnahmen im Hochgebirge untauglich seien. Es müssten allein in den bayerischen Alpen 6000 Kilometer Zäune gezogen werden. Herdenschutzhunde schieden wegen ihrer Aggressivität gegen andere Hunde und Wanderer ebenfalls aus. Es gehe beim Wolf um Sein oder Nichtsein der Almwirtschaft.

Die bayerische Staatsregierung versuchte, den Unmut durch großzügige Hilfsversprechen zu beschwichtigen. Sollten Herden wegen des Wolfsrisikos vorzeitig abgetrieben werden, würden die zusätzlichen Futterkosten ersetzt. Bei Rissen gebe es den doppelten Marktwert der getöteten Tiere als Entschädigung. Doch zu einem geregelten Wolfsmanagement wie in Ost- und Norddeutschland konnte man sich in München bis heute nicht durchringen. Seit dem Drama um den Braunbären Bruno gibt es zwar eine »Arbeitsgruppe Große Beutegreifer«, in der die verschiedenen Interessengruppen vertreten sind. Vorgesehen war, in diesem Gremium einen dreistufigen Wolfsmanagementplan auszuarbeiten. Über Stufe I, gedacht für den Fall der vorübergehenden Anwesenheit eines einzelnen Wolfes, ist man noch nicht hinausgekommen. Wie es weitergehen soll, wenn Wölfe in Bayern Territorien besetzen und Rudel bilden, ist noch völlig unklar.

Für den Almwirtschaftlichen Verein wirkt Brigitta Regauer, Bäuerin der Wildfeldalm im Mangfallgebirge, in der »Arbeitsgruppe Große Beutegreifer« mit. Almwirtschaft und Wolf schlössen sich aus, sagt sie. Sie klingt verbittert. Eine Front aus Politik und Naturschutzverbänden trample rücksichtslos auf bäuerlichen Interessen herum. Den Verbänden gehe es nur um Spenden, für sie sei der Wolf ein perfektes Werbemittel. Außerdem spekulierten sie auf die Stellen, die im künftigen Wolfsmanagement zu ergattern seien: »Da hängen Arbeitsplätze an so einem Viech, das ist Wahnsinn.«

Vielleicht, so wird unter den Almbauern geargwöhnt, gehe es Nabu, WWF & Co. auch darum, sich in den Besitz attraktiver Naturschutzflächen am Alpenrand zu bringen, wenn genug Bauern erst einmal aufgegeben haben. Diesen Verdacht weist der Wildbiologe Janosch Arnold, der beim WWF für den Rückkehrer Wolf zuständig ist, zurück: »Der Wolf ist eine Projektionsfläche für viele Ängste und den alten Stadt-Land-Konflikt. Die Almbauern haben ihre Berechtigung. Aber der Wolf eben auch. Natürlich ist es in den bayerischen Alpen komplizierter als im flachen, dünner besiedelten Land, aber wir reden im Rotwandgebiet nur von ein paar hundert Schafen, die es zu schützen gilt. Man sollte den Wolf weder glorifizieren noch dämonisieren.«

Dieser Aufruf zur Gelassenheit ist grundvernünftig. Er gehört zum argumentativen Standardrepertoire der Naturschutzverbände. Schon in Bayern findet er nur schwer Gehör. Geht man weiter in den Süden oder höher in die

Berge, ist es um die Gelassenheit dem Wolf gegenüber noch dramatisch schlechter bestellt. Es gibt noch kein überzeugendes Konzept dafür, Schafweidewirtschaft in den Bergen und Wolfsschutz miteinander zu vereinbaren. Es kommt der Quadratur des Kreises gleich, diesen naturschutzpolitischen Zielkonflikt zu lösen. Manchmal eskaliert er.

Am Morgen des zweiten Weihnachtsfeiertags 2013 lag ein toter Wolf auf der Piazza der toskanischen Kleinstadt Scansano, einer von zehn Wölfen, die Ende dieses Jahres in den Regionen Toskana und Umbrien illegal getötet wurden. Aufgeklärt sind die Fälle nicht, doch es wird allgemein vermutet, Schafzüchter wollten mit diesen blutigen Fanalen zeigen, dass ihre Geduld erschöpft sei. Von den etwa tausend Wölfen, die wieder zwischen Alpen und Sizilien leben, seien im Jahr 2013 3000 Schafe, Ziegen, Fohlen und Kälber gerissen worden, behauptet der italienische Bauernverband. Noch dramatischer klingen die offiziellen Schadensmeldungen aus den französischen Seealpen. Dort, im Nationalpark Mercantour, wanderten 1992 erstmals Wölfe aus Italien ein. Heute leben in dem 1500 Quadratkilometer großen Gebiet etwa fünfzig Wölfe, in ganz Frankreich mehrere hundert, vor allem in den Pyrenäen, dem Zentralmassiv und seit Jüngstem auch in den Vogesen. Auf den Bergweiden des Mercantour weiden fast 100 000 Schafe. Den Wölfen fielen 2012 davon 6000 zum Opfer. Das ist ein erheblicher Aderlass, auch wenn man einkalkuliert, dass nicht jeder gemeldete und zu entschädigende Verlust tatsächlich auf das Konto des

Wolfes geht. Die Schafwirtschaft ist der wichtigste landwirtschaftliche Erwerbszweig der Region, Lammfleisch eine ihrer begehrten Spezialitäten.

Ein »Nationaler Aktionsplan Wolf« *(Plan d'action national loup 2013–2017)*, auf dessen Titelblatt zwei romantische Sehnsuchtsbilder übereinandergeschnitten sind – der heulende Wolf und der von Lämmern umgebene Schäfer –, versucht, Wege zum Bergfrieden zu beschreiben. Großzügige staatliche Förderung des Herdenschutzes gehört dazu ebenso wie die Möglichkeit, dass Schäfer nach Genehmigung durch den Präfekten Wölfe abschießen dürfen, die sich auf andere Weise nicht von den Herden fernhalten lassen. Das ist eine Konsequenz aus der Erfahrung, dass Wölfe es bisher immer wieder lernten, den Herdenschutz durch Zäune und Hunde zu durchbrechen. Hat ein Rudel erst einmal gemerkt, dass Stromschläge zwar wehtun, aber sonst keine weiteren Folgen haben, lässt es sich durch einen Elektrozaun nicht mehr abschrecken. Ähnlich geht es mit den Hunden. Manche Wölfe lernen, wie ein Teil des Jagdverbandes sie ablenken muss, damit der andere Teil an die Schafe kommt. Es klingt paradox, aber es ist nicht von der Hand zu weisen, dass das Überleben der Wölfe in Europa auch davon abhängt, dass Pulver und Blei als letzte Abwehrmaßnahme legal angewendet werden dürfen. Die in den Wolfsregionen am meisten betroffenen Menschen, und das sind nun einmal diejenigen, die extensive Viehhaltung betreiben, dürfen nicht das Gefühl haben, sie seien einer großstädtischen Wolfsromantik hilflos ausgeliefert.

Auch in der Schweiz, wo im Calandamassiv in Graubünden sich erstmals wieder ein Wolfsrudel etablierte, können Wölfe zum Abschuss freigegeben werden, wenn ein Rudel trotz fachgerechter Herdenschutzmaßnahmen innerhalb von vier Monaten mehr als fünfzehn Nutztiere reißt. Die deutschen Managementpläne sehen solche expliziten Regeln nicht vor. Entsprechend dem Naturschutzrecht dürfen »auffällige« Tiere der Natur »entnommen« werden, wenn alle anderen Mittel, das Problem zu lösen, versagen. Es ist eine Frage der Interpretation, ob man einen hartnäckig auf Schaffleisch bestehenden Wolf als »auffällig« oder völlig normal einstuft. Je mehr sich die Wölfe ausbreiten, desto pragmatischer wird man auch in Deutschland mit robusten Maßnahmen der Schadensabwehr umgehen müssen, wenn man die grundsätzliche Akzeptanz des Wolfes in der Bevölkerung erhalten will.

Wir wollen dieses Kapitel, das um den Kernkonflikt zwischen Wolf und Mensch kreiste, nicht im Pulverdampf beenden. Zwar wird es wohl nötig sein, den einen oder anderen Wolf abzuschießen, schon um bei den Wölfen keine »Kultur« der Schafräuberei entstehen zu lassen. Wichtiger jedoch ist es, in den Bergregionen eine Kultur wiederzubeleben, die man im wolfsfreien Jahrhundert vernachlässigt hat, die Kultur des Hirten. Dafür streitet in der Schweiz mit Nachdruck David Gerke, Biologe, Schafhirt und Präsident der »Gruppe Wolf Schweiz«, die sich dem Wolfsschutz verschrieben hat. In einem Interview mit dem *Wolf Magazin* sagt er: »Der sogenannte freie Weidegang, bei dem die Schafe im Juni auf die Alp gebracht werden und im September runtergeholt wird, was noch lebt, muss ausgemerzt werden.« Die freie »Sömmerung« der Schafe sei keine bewahrenswerte Tradition und erst wenige Jahrzehnte alt. Frei weidende Schafe erfüllten die ihnen zugedachte ökologische Funktion der Pflege der Bergwiesen gerade nicht optimal: »Schafhaltung kann ihre Vorteile nur bei einer geordneten Weideführung ausspielen. Jeder, der sich mit Schafen auskennt, weiß, wie sie sich im Gebirge verhalten. Sie ziehen im Frühsommer rasch in die Höhe, dem schmelzenden Schnee und frisch sprießenden Gras nach. Das bleibt für die Vegetation nicht ohne Folgen.« Empfindliche Vegetationstypen würden übernutzt, die unteren Lagen mit dem älteren Gras dagegen nicht intensiv genug beweidet, sodass es zu Verbuschungen komme. Wenn man das sehr optimistisch betrachtet, kann man sagen: Der Wolf bedroht nicht die alpine Weidewirtschaft, sondern er optimiert sie ökologisch. Es müssen nur noch die entsprechenden personellen und finanziellen Ressourcen aufgetan werden. Dann steht der Hirtenrenaissance im 21. Jahrhundert nichts mehr im Wege.

Wölfe und Jäger

Als der Wolf »sein Gelüsten gestillt« hatte, legte er sich ins Bett und fing laut an zu schnarchen, heißt es bei den Brüdern Grimm. Er hatte gerade eine zähe Großmutter und ein zartes kleines Mädchen mit rotem Käppchen verschluckt. Da gönnt man sich einen Verdauungsschlaf. Doch just in diesem Moment kommt der Jäger am Haus vorbei und hört das Schnarchen. Weil er denkt, dass der Großmutter vielleicht etwas fehlt, geht er hinein, um nach dem Rechten zu schauen, und findet den Wolf in den Kissen. Wie es weitergeht, liest sich bei den Grimms so: »»Finde ich dich hier, du alter Sünder‹, sagte er, ›ich habe dich lange gesucht.‹ Nun wollte er seine Büchse anlegen, da fiel ihm ein, der Wolf könnte die Großmutter gefressen haben, und sie wäre noch zu retten; schoss nicht, sondern nahm eine Schere und fing an, dem schlafenden Wolf den Bauch aufzuschneiden. Wie er ein paar Schnitte getan hatte, da sah er das rote Käppchen leuchten, und noch ein paar Schnitte, da sprang das Mädchen heraus und rief: ›Ach, wie war ich erschrocken, wie war's so dunkel in dem Wolf seinem Leib!‹ Und dann kam die alte Großmutter auch noch lebendig heraus und konnte kaum atmen. Rotkäppchen aber holte geschwind große Steine, damit füllten sie dem Wolf den Leib, und wie er aufwachte, wollte er fortspringen, aber die Steine waren so schwer, dass er gleich niedersank und sich totfiel. Da waren alle drei vergnügt; der Jäger zog dem Wolf den Pelz ab und ging damit heim, die Großmutter aß den Kuchen und trank den Wein, den Rotkäppchen gebracht hatte, und erholte sich wieder, Rotkäppchen aber dachte: ›Du willst dein Lebtag nicht wieder allein vom Wege ab in den Wald laufen, wenn dir's die Mutter verboten hat.‹«

In einem Buch über Wölfe muss man irgendwann auf das Märchen vom Rotkäppchen zu sprechen kommen. Es gilt als eine Art Archetyp jener Erzählung vom »bösen Wolf«, die angeblich heute noch die Einstellung großer Teile der Bevölkerung diesem Tier gegenüber bestimmt. Wer Angst vor dem Wolf habe, so argumentieren eifrige Wolfsfreunde, der leide unter dem »Rotkäppchensyndrom« und müsse durch sachliche Aufklärung geheilt werden. Der Nabu hat seine Aufklärungskampagne gar unter den Schlachtruf »Rotkäppchen lügt!« gestellt, als sei dieses Märchen eine Geschichte über Wölfe und nicht eine über Elternautorität und die Verführbarkeit kleiner Mädchen.

Wir werden uns mit der Frage, wie »böse« der Wolf ist, noch befassen, uns dabei jedoch, so gut es geht, an Tatsachenberichte halten, wobei zuzugestehen ist, dass bei

Wolfserzählungen Fakten und Fiktion mitunter schwer auseinanderzuhalten sind. An dieser Stelle jedoch interessieren wir uns vor allem für den Jäger, der zwar erst am Schluss auftritt, doch die eigentliche Zentralfigur der Geschichte ist. Der Wolf ist lüstern und listig, aber es reicht bei ihm nur dazu, eine wehrlose alte Frau und ein kleines Mädchen zu fressen. Am Ende lässt er sich leicht übertölpeln und stürzt sich mit ein paar Steinen im Bauch selbst zu Tode. Ebenso leicht lässt sich Rotkäppchen vom Wege abbringen und in die Falle locken, und wenn es die »Großmutter« dann fragt nach den großen Ohren, den großen Pfoten und dem großen Maul, wird es von Angstlust kräftig durchgeschüttelt. Der Wolf und das Rotkäppchen sind gleichermaßen triebgesteuert.

Der Jäger aber ist souveräner Herr seiner Affekte. Er übernimmt Verantwortung für alles, was in seinem Wald lebt, auch für Großmütter in einsamen Waldhäuschen, die ungesund schnarchen. Sein Erzfeind ist der Wolf, den er mit einer gewissen Vertrautheit einen »alten Sünder« nennt. Man kennt sich schon lange. Dem Impuls, die Büchse zu spannen und dem Räuber eins auf den Pelz zu brennen, gibt der Jäger nicht nach. Er ist kein rücksichtsloser »Schießer« und mutiert sogar, ganz und gar unmännlich, zur Hebamme einer zweiten Geburt. Der Großmutter und dem Rotkäppchen rettet er das Leben, die Ordnung einschließlich des Rotkäppchen-Über-Ichs stellt er wieder her. Er ist ein wahrer Edelmensch und eine Respektsperson, die lüsterne Wölfe in die Schranken weist und kleinen Mädchen zeigt, wo es langgeht. Ohne den Jäger herrschte Chaos. Er ist nicht Teil der Natur, sondern ihr Meister. Über dieses Selbstbild stolpern Jagd und Jäger zuweilen heute noch.

Ein Zeugnis dieser Haltung, zudem nationalistisch untermalt, finden wir in *Diezels Niederjagd*, einem Hand- und Hausbuch der deutschen Jägerei seit 150 Jahren, das zahlreiche Auflagen und Neubearbeitungen erlebte. Es widmet sich, deshalb der Titel, der »niederen Jagd«, also dem Hasen und dem Kaninchen, dem Rebhuhn und dem Fasan, dem Reh und dem Fuchs, nicht aber den Tieren der hohen Jagd wie Rot- oder Schwarzwild. Die waren nach der Revolution von 1848 und der Ablösung der feudalen Jagdprivilegien außerhalb der großen Forsten des Adels nahezu ausgerottet. Die neue »bürgerliche« Jagd hatte sich weithin mit kleineren Tieren zu begnügen. Darauf stellte der 1779 geborene Naturwissenschaftler und Forstmann Karl Emil Diezel ab. Der Bearbeiter der Auflage von 1915, Gustav Freiherr von Nordenflycht, behandelt den Wolf in einem eigenen Kapitel, allerdings widerwillig. Dieses »Raubtier« sei nicht mehr als eigentlich einheimisch zu betrachten. Wenn nicht einzelne »Überläufer« aus Polen und Frankreich sich in »unsere gesegneten Gaue« verirrten, könnte man den Wolf ganz vernachlässigen. Doch dann ruft er sich patriotisch zur Ordnung: »Jenseits des Rebenvaters Rhein, dort, wo die deutsche Zunge klingt, wo die deutsche Sprache herrscht und deutscher Sinn waltet, dort ist auch heute wieder, Gottlob!, Deutschland.« Und dort, im Elsass und in Lothringen, sei der Wolf eben kein seltenes Tier, weswegen ihm ein eigenes, wenn auch kurzes Kapitel zu widmen sei, »wobei ich den echten deutschen Wunsch nicht unterdrücken kann, dass bald überall, wo deutsche Laute vernommen werden, alles Wolfsartige verschwinden möge«. Man muss dem Freiherrn zugutehalten, dass französische Jäger die Sache mit dem Wolf ganz genau so sahen. Er galt bis in die jüngste Vergangenheit überall in Europa als Jagdschädling, nicht nur bei den Jägern, sondern auch in der breiten Öffentlichkeit.

Das Leitbild des gütigen Hegers, der »sein« Wild, gemeint ist das »Nutzwild«, gegen dessen natürliche Feinde, Raubzeug und Raubwild, schützt, wurde bis vor wenigen Jahrzehnten von kaum jemandem infrage gestellt, von der Jägerei ohnehin nicht, von Naturschutz und Forstwirtschaft aber auch nicht. Erst als in den Siebzigerjahren des vorigen Jahrhunderts öffentlich thematisiert wurde, dass die Jäger ihrer Aufgabe, die Wildbestände in Einklang mit den Belangen der Landeskultur zu halten, keineswegs gerecht wurden, bekam es Risse. Die Ausrottung der großen Beutegreifer im 19. Jahrhundert kann man den Jägern nicht vorwerfen. Sie entsprach einem breiten gesellschaftlichen Konsens. Jetzt aber geriet der Anspruch der Jagd, sozusagen in einer humaneren, kultivierten Form die tierischen Jäger zu ersetzen, ins Wanken. Ökologisches Denken sickerte in den gesellschaftlichen Diskurs ein. Die Selbstverständlichkeit, mit der Schulkinder noch in den Sechzigerjahren lernten, Pflanzen- und Tierarten in »Nützlinge« und »Schädlinge« einzuteilen, ging verloren. Es wurde plötzlich denkbar, dass

»Raubtiere« eine wichtige Funktion in der Natur haben könnten, nicht nur in tropischen Dschungeln und Savannen, sondern womöglich sogar im alten Europa.

Im Zuge dieser ökologischen Wende des Zeitgeistes wandelte sich der Wolf in der populären Kultur vom Schreckgespenst und Ungeheuer zum weisen Naturgeist und Ökoritter. Ein Bahnbrecher dieses Perspektivenwechsels war der kanadische Biologe Farley Mowat, dessen weitgehend fiktionaler Erlebnisbericht über einen Forschungsaufenthalt in der kanadischen Wildnis unter dem Titel *Never Cry Wolf* 1963 erschien und sich in den folgenden Jahrzehnten zu einem Weltbestseller entwickelte. Mowat schildert die Wölfe als harmlose Mäusefresser, womit er eine ökologische Ausnahmesituation zur Norm erhob. Die wissenschaftliche Fragwürdigkeit beeinträchtigte den Erfolg des Buches nicht, im Gegenteil. *Ein Sommer mit Wölfen* heißt die deutsche Ausgabe, »Wenn die Wölfe heulen« die Disney-Verfilmung von 1983. Ein Mann, der von den kanadischen Jagdbehörden in den Norden geschickt wurde, um den als schädlich betrachteten Einfluss der Wölfe auf die Karibus zu erforschen, kommt geläutert aus der Wildnis zurück und verkündet fortan die Botschaft vom böswillig verkannten und verleumdeten »Bruder« Wolf.

Ein vielleicht noch mächtigeres popkulturelles Kraftwerk dieses neuen Ökokults um den Wolf war Kevin Costners epischer Ethno-Western »Der mit dem Wolf tanzt« von 1990. Ein amerikanischer Offizier der Nordstaaten lässt sich nach dem Bürgerkrieg in absurder Mission auf einen abgeschiedenen Außenposten in der Prärie schicken. Dort findet er durch einen Wolf, der hartnäckig seine Nähe sucht, und mithilfe der Ureinwohner des Landes Zugang zu sich selbst und zur Natur. Schließlich wird er selbst zum »Indianer«. Man kann Costner nicht vorwerfen, dass er in seinem Film das Klischee des weisen Indianers bedient, der die Gesetze der Natur kennt und im Einklang mit ihr lebt. Er bemüht sich um einen gewissen Realismus und gibt seinen indianischen Protagonisten ausgesprochen individuelle Züge. Aber sein zivilisationskritischer Impetus ist doch gewaltig.

Ein wichtiger Schritt bei seiner sukzessiven Aufnahme in den Stamm der Lakota-Sioux ist seine Beteiligung an einer Bisonjagd, bei der er einem jungen Lakota das Leben rettet. Das Auftauchen der sehnlich erwarteten »Büffel« im Morgendunst wirkt wie eine Verheißung. Auf der Büffeljagd ruht die gesamte Ökonomie und Kultur der Prärieindianer, sie ist ihre Lebensgrundlage. Trotzdem kennen sie, im Film wie in der Wirklichkeit, keine Feindschaft gegenüber konkurrierenden tierischen Räubern, insbesondere nicht gegenüber dem Wolf. Der österreichische Verhaltensforscher Kurt Kotrschal, der sich auch mit der Frage beschäftigt hat, welche Rolle der Wolf bei der Entstehung der menschlichen Spiritualität gespielt hat, verweist darauf, dass in praktisch allen nordamerikanischen Jägerkulturen der Wolf als »Bruder« angesehen werde, in manchen sogar als Weltenschöpfer. Das lasse den Schluss zu, dass schon die ersten steinzeitlichen Jäger und Sammler, die über die Beringstraße aus Asien nach Amerika kamen, ein positives Wolfsbild als kulturellen Fundus mitgebracht haben müssten.

Ursprüngliche Jägerkulturen sind wolfsfreundlich, was nicht ausschließt, dass auch der Wolf gejagt wird. Aber das geschieht, wie Erik Zimen schreibt, ohne Hass, ohne Vernichtungswillen. Ursprüngliche Jägerkulturen wissen, dass Menschen und Wölfe einander in ihrer ökologischen Stellung, in ihrem Sozialverhalten, in ihren Jagdmethoden sehr ähneln. Die Crow-Indianer legen bei der Büffeljagd Wolfsfelle an (das heißt auch, dass sie welche erbeuten). Sie haben beobachtet, dass die Fluchtdistanz der Büffel gegenüber den Wölfen sehr gering ist. Solange Wölfe nicht direkt angreifen, lassen die Kolosse sich nicht aus der Ruhe bringen. Als Wolf getarnt kann ein menschlicher Jäger so nahe an sie heranschleichen, wie es für einen Pfeilschuss oder einen Speerwurf nötig ist.

Zwischen dem Büffeljäger, der sich dem Wolf anverwandelt, um die Schlüsselressource seiner Kultur zu nutzen, und dem Jäger aus dem Märchen, der den Wolf tötet, um die kulturelle Grundordnung wiederherzustellen, liegen, auf der Zeitschiene der kulturellen Evolution betrachtet, mindestens zehntausend Jahre und die größte Revolution der Menschheitsgeschichte: die neolithische Revolution, die nicht nur aus Jägern und Sammlern Hirten, Viehzüchter und Ackerbauern machte, sondern auch die Stadt, den Staat und die arbeitsteilige Ökonomie hervorbrachte. Die innere Verbundenheit mit dem »Bruder« Wolf ging dabei gründlich verloren. Zwar spielt der Wolf in den Mythologien nomadisierender Hirtenvölker immer noch eine zentrale Rolle. Aber er ändert seinen Charakter doch drastisch.

Der germanische Obergott Odin wird von den Wölfen Geri und Fleki begleitet, von dem »Gierigen« und dem »Gefräßigen«. Der Fenriswolf wartet im nordischen Sagenkosmos darauf, die Welt samt der Götter zu verschlingen, und mit Odin gelingt ihm das auch. Noch ist die Erinnerung wach an die fast intime Nähe zwischen Wolf und Mensch, die in fernen Urzeiten herrschte. Doch nachdem der Mensch mit Ackerbau und Viehzucht seine Möglichkeiten der Naturbeherrschung gewaltig gesteigert hat, nimmt der Wolf unheimliche und bedrohliche Züge an. Als Viehräuber wird er zum Feind des Bauern, und für die sich mehr und mehr zum Herrschaftsprivileg entwickelnde Jagd ist er ein Konkurrent und Schädling.

Können vor diesem historischen und kulturellen Hintergrund Jäger heute ein neues Verhältnis zum Wolf entwickeln? Wäre gar eine Rückkehr zum »Bruder« Wolf möglich? Welchen Einfluss hat die Rückkehr der Wölfe auf die Jagd? Vor welche Herausforderungen stellt sie die Jäger? Liegt in ihr gar die Chance, ein neues Jagdverständnis zu gewinnen? Nur mühsam kommt unter den Jägern und zwischen Jägern und Nichtjägern ein Dialog über solche Fragen in Gang. Dabei nehmen die Jäger und die Jagd in der Wolfspolitik eine Schlüsselstellung ein. Die Jäger müssen den Wolf nicht lieben, aber zumindest doch tolerieren, wenn er eine Chance haben soll, sich dauerhaft bei uns zu etablieren. Vorweg sei festgestellt: Wenn die große Mehrheit der Jäger das nicht heute schon täte, wären die Wölfe nicht so weit, wie sie heute sind. Gesetze funktionieren, wenn sie freiwillig befolgt werden. Durch Zwang und Strafandrohung allein können sie, zumal draußen im Wald, nicht durchgesetzt werden.

Nicht zuletzt den Jägern und der Jagd verdanken wir die hohen Schalenwildbestände, die eine Wiederbesiedlung unseres Landes durch den Wolf überhaupt erst möglich machen. Man kann diesen Wildreichtum als Erfolg der Hege oder als Beweis des Versagens der Jäger bei der Herstellung angepasster Wildbestände werten. Diese unterschiedlichen Urteile ergeben sich aus unterschiedlichen menschlichen Interessenlagen. Für den Wolf ist das viele Wild in jedem Fall ein Segen. Man muss nur einmal fünfzig oder hundert Jahre zurückschauen. Da waren Nachbarländer wie die Schweiz, Frankreich oder Italien praktisch leer gejagt, sogar Rehe eine bestaunte Seltenheit. In Deutschland war das nie so. Unser Land galt Jägern und Naturschützern in Europa lange geradezu als Insel der Seligen, und die deutschen Jagdgesetze wurden als vorbildlich betrachtet, weil sie den Grundeigentümern und Jägern eben nicht erlauben, Wild auszurotten, auch wenn es in landwirtschaftlichen Kulturen zu Schaden geht, sondern ihnen eine, heute vielgeschmähte, Hegepflicht auferlegen. Unsere Jagdgesetze verpflichten dazu, einen Ausgleich zwischen Wild und Landeskultur zu suchen. Das sollte man bei aller notwendigen Kritik am deutschen Jagdwesen nicht vergessen. In vielen anderen Ländern Europas musste Schalenwild als Wolfsbeute erst wieder angesiedelt werden.

Die Jäger in Deutschland könnten die zurückgekehrten wölfischen Mitjäger also freundlich und neugierig in ihren wohlgefüllten Revieren erwarten. Davon sind die meisten aber weit entfernt. Zwar begrüßen die Jagdverbände in ihren offiziellen Stellungnahmen die Rückkehr des Wolfes in die mitteleuropäische Wildbahn. Aber wo immer unter Jägern die Rede auf den Wolf kommt, sind die Vorbehalte mit Händen zu greifen. Offene Ablehnung wird, öffentlich jedenfalls, selten geäußert. Das aber könnte ein Tribut an die vermeintlichen Regeln der (natur)politischen Korrektheit sein. Man hält mit dem, was man wirklich denkt, hinterm Berg, weil man sich Ärger ersparen will. Es herrscht im Blick auf den Wolf bei Jägern oft eine ziemliche Verklemmtheit.

Im Frühjahr 2014 rief der Deutsche Jagdverband, die Dachorganisation, in der außer dem bayerischen alle Landesjagdverbände zusammengeschlossen sind, zu einem großen Wolfssymposion nach Berlin. Die Resonanz war mit 280 Teilnehmern aus Wissenschaft, Naturschutz, Landwirtschaft, Forstwirtschaft und Ministerien überwältigend. Sie zeigte, dass die Wölfe in den Fokus einer breiten öffentlichen Aufmerksamkeit gerückt sind. So fundiert und vielfältig die Beiträge zu dem Symposion waren, so verzagt und bedenkenträgerisch gab sich das »Eckpunktepapier«, das der Jagdverband aus Anlass dieser Veranstaltung veröffentlichte. Er versuchte, sich als Fürsprecher der »ländlichen Bevölkerung« zu profilieren, deren Bedenken und Sorgen man ernst nehmen müsse. Seine Forderung nach einem »nationalen Wolfsmanagement« klänge jedoch glaubwürdiger, wenn sich die Jäger am Aufbau der schon bestehenden Strukturen in den Ländern aktiver beteiligt hätten. Gerade in den Wolfsländern, Sachsen voran, ist ihre Kooperationsbereitschaft bisher eher gering gewesen. Nur in Niedersachsen, wir haben das schon erwähnt, machten die Jäger das Wolfsmonitoring offensiv zu ihrer eigenen Sache. Der in dem Positionspapier erhobenen Forderung, die Wolfsforschung zu intensivieren, kann man sich nur anschließen. Sie wird von allen mit dem Wolf befassten Interessengruppen unterstützt. Ausgehend von der, wie wir gesehen haben, durchaus fragwürdigen Annahme, dass der in den europäischen Schutzbestimmungen als Ziel genannte »günstige Erhaltungszustand« in wenigen Jahren erreicht sei, fordert der Jagdverband die »Verantwortlichen in Bund und Ländern« auf, sich schon jetzt Gedanken zu machen, wie dann zu verfahren sei. Änderungen im Schutzstatus des Wolfes dürften kein Tabu sein. Auch die »sozioökonomische Tragfähigkeit« des Wolfslebensraums müsse berücksichtigt werden.

Offenbar können Jagdfunktionäre im Wolf nur einen Problemwolf sehen. Mit keinem Satz wird in dem »Eckpunktepapier« darauf eingegangen, dass die Rückkehr des Wolfes und der anderen großen Beutegreifer ein Erfolg jenes Natur- und Artenschutzes ist, dem sich doch auch die Jagdverbände verschrieben haben. Und vergeblich sucht man in diesem deprimierenden Text ein Anzeichen dafür, dass Jäger den Wolf als Anlass verstehen könnten, ihr Verständnis von Jagd und ihr Selbstverständnis als Jäger einmal grundsätzlich zu überdenken.

Um ein Beispiel zu nennen: Das klassische Beutetier des Wolfes, mit ihm in vielen tausend Jahren Koevolution verbunden, ist das Rotwild. Es wird in Mitteleuropa unter Bedingungen gehegt und jagdlich bewirtschaftet, die an einen Zustand der Halbdomestikation nahe herankommen, vor allem im Hochgebirge, wo das Wild im Winter in Gattern gehalten wird, damit es die Lawinenschutzwälder nicht schädigt oder gar zerstört. In den meisten Bundesländern ist das Rotwild in seiner Verbreitung zudem immer noch auf Rotwildgebiete beschränkt. Außerhalb dieser von den Jagdbehörden ausgewiesenen Gebiete wird es nicht geduldet. Diese klassische Rotwildhege ist mit der Anwesenheit des Wolfes auf Dauer nicht zu vereinbaren. Warum fordern die Jäger nicht, dass die Hirsche mindestens ebenso wild und frei sein müssten wie die Wölfe? Offenbar fürchten sie den Abschied von der klassischen Rotwildhege, die auch heute noch trophäenorientiert und von Revieregoismus bestimmt ist. Für Anhänger dieses überkommenen Jagdverständnisses ist der Wolf tatsächlich eine Bedrohung. In Gebieten, wo der Wolf jagt, kann nicht pünktlich am Abend um sieben dem Jagdgast der Abschusshirsch vor der Kanzel präsentiert werden. Mit der schnellen Trophäe zwischen zwei Geschäftsterminen ist es vorbei.

Lassen die Wölfe den Jägern überhaupt noch etwas zum Jagen übrig? Die durch den Wolf unmöglich, zumindest überflüssig gemachte menschliche Jagd ist der Albtraum der Jäger und der Wunschtraum jagdfeindlicher Naturschützer. Nach immerhin vierzehn Jahren neuer deutscher Wolfsgeschichte ist das Erwachen aus diesen Träumen für beide Seiten ernüchternd. So viel lässt sich sagen: In den Wolfsgebieten sind die Jagdstrecken des Schalenwildes nicht eingebrochen, sondern im Vergleich zur wolfsfreien Zeit wie überall insgesamt sogar gestiegen. Und sie bewegen sich in ihren vor allem durch Witterungseinflüsse und Jagdintensität bestimmten Schwankungen parallel zu denen in wolfsfreien Gebieten. Das könnte bedeuten, dass menschliche und wölfische Jagd auch zusammen noch nicht den jährlichen Populationszuwachs der Beutetiere abschöpfen und noch weit davon entfernt sind, limitierend auf diese Populationen zu wirken. Aber mit einer solchen Spekulation begibt man sich auf ein Feld hoch komplexer Zusammenhänge. Die Erforschung der Räuber-Beute-Beziehung ist gewissermaßen die Königsdisziplin der Wildbiologie. Könnte sie auf diesem Gebiet verlässliche Modelle entwickeln, wäre das ein gewaltiger Fortschritt für das Wildtiermanagement. Es gibt solche Modelle, sogar mathematische. Nur leider hält sich die Natur in den meisten Fällen doch nicht daran.

Die ersten Gedankenschritte sind ganz einfach. Alles fängt mit den Pflanzen an. Sie erzeugen aus Sonnenenergie, Kohlendioxid, Mineralien und Wasser organisches Material, die Vegetation. Die wird von Pflanzenfressern gefressen. Damit die Pflanzenfresser nicht ihre eigene Lebensgrundlage zerstören, stehen an der Spitze der Nah-

1 – Ein Jungwolf aus dem ersten Wurf auf dem Truppenübungsplatz Munster im November 2012. Er hat den Fotografen bemerkt.

2 – Sieben Welpen bringt die Munsteraner Wölfin (li.) 2013 zur Welt.
Beide Elterntiere stammen aus der Lausitz.

3 – Zwei Welpen des Munster-Rudels warten am »Rendezvousplatz«
darauf, dass die Eltern Futter bringen.

4 – Der »erste Wolf« des Autors: ein Jungtier aus dem Spremberger Rudel im Oktober 2013.

5 – Ein Jungwolf aus dem Lausitzer Seenland-Rudel heult, um Kontakt mit seinen Rudelgenossen aufzunehmen.

6 – Der Vaterwolf des Seenland-Rudels sprintet hinter einem Hirschkalb her. Er wird es bekommen.

7 – Ein drei Monate alter Welpe aus dem ersten Brandenburger Rudel hat sich die Tarnung der Fotofalle geschnappt.

8 – Familienausflug auf dem Truppenübungsplatz Munster
im Oktober 2013.

9 – Junger Hirsch trifft jungen Wolf bei Spremberg.
Eine Jagd wurde aus dieser Begegnung nicht.

10 – Der Vater des Altengrabower Rudels trinkt an einem Tümpel, den auch das Wild als Tränke nutzt.

11 – Die Wölfin »Sunny« wurde 2000 auf dem Truppenübungsplatz Oberlausitz geboren. Sie ist eine der Urmütter der deutschen Wölfe.

12 – Dem Straßenverkehr fallen vor allem unerfahrene Welpen und Jungwölfe zum Opfer.

13 – Der Wind trägt ihm die Witterung des Fotografen zu:
Ein Jährling in Altengrabow.

14 – Das ist nicht Alaska, sondern die sächsische Lausitz.
Der Vater des Milkeler Rudels trägt ein Senderhalsband.

rungspyramide die Fleischfresser, welche die Zahl der Pflanzenfresser begrenzen. So könnte also alles schön im Gleichgewicht sein. Ist es aber meistens nicht. Man kann noch nicht einmal eindeutig sagen, wer wen begrenzt. Das Angebot an pflanzlicher Nahrung bestimmt die Zahl der Pflanzenfresser und deren Zahl wiederum die der Fleischfresser. Umgekehrt kann aber auch auf dem Höhepunkt eines solchen Hochschaukelns der Eingriff der Raubtiere die Populationsdynamik der Pflanzenfresser brechen, was dann in einer sogenannten »trophischen Kaskade« wiederum das Pflanzenwachstum stärkt.

Auf der Isle Royal im amerikanischen Lake Superior wird seit mehr als fünfzig Jahren die Wechselwirkung zwischen Elchen und Wölfen beobachtet und analysiert. 1959 hatte eine Eisbrücke die Besiedelung der Insel durch Wölfe möglich gemacht. Außer den Elchen fanden sie dort, von einigen Bibern abgesehen, keine Beutetiere. Die Natur hat hier also durch einen Zufall eine labormäßige Versuchsanordnung geschaffen. Doch auch in diesem isolierten Modell verlief kaum etwas nach den Erwartungen der Forscher. Die Kurven der Populationsentwicklung ergeben zwar das Bild, dass das Auf und Ab bei den Wölfen dem bei den Elchen im Zeitabstand von etwa sieben bis zehn Jahren folgt. Doch was hat das zu bedeuten? Die Gleichung »Viele Elche gleich viele Wölfe« jedenfalls stimmt nicht. Wenn es den Elchen prächtig geht, muss es den Wölfen nicht ebenso prächtig gehen. Es ist eher umgekehrt. Wenn es den Elchen schlecht geht, wenn strenge Winter und ein Mangel an Futter sie schwächen und viele eines natürlichen Todes sterben, leben die Wölfe im Schlaraffenland. Sie finden Aas und leicht zu erbeutende schwache Tiere. Diese erhöhte Energiezufuhr setzen sie auch in erhöhte Reproduktion um. Sie bekommen mehr Welpen, und mehr Welpen kommen durch. So können die Prädatoren, die Beutegreifer, unter Umständen ihre Beutetiere dauerhaft in einem Populationstief halten. Unter dem Strich scheint es auf lange Sicht aber doch so zu sein, dass die Elchpopulation von »unten« reguliert wird, also durch das Nahrungsangebot und damit hauptsächlich durch Witterungseinflüsse und nicht von »oben« durch die Wölfe. Deren Zahl wiederum hängt nicht vom Bestand der Elche insgesamt, sondern von der Zahl für sie nutzbarer Elche ab.

Es wurden noch eine ganze Reihe anderer Langzeituntersuchungen unternommen, die zum Teil zu ganz anderen Ergebnissen kamen. Auf einer Insel bei Alaska ausgesetzte Wölfe rotteten in kurzer Zeit die dort vorhandenen Maultierhirsche nahezu aus. Im Yellowstone-Nationalpark beobachtet man die Wirkung der Wölfe auf das Ökosystem genau, seit dort Mitte der Neunzigerjahre kanadische Wölfe wieder eingeführt worden waren. Tatsächlich erholte sich die von den Wapiti-Hirschen stark ramponierte Vegetation. Inzwischen hat man aber wieder erhebliche Zweifel an der regulierenden Funktion der Wölfe, zumal denen mit Bison und Elch weitere attraktive Beutetierarten zur Verfügung stehen, was die Komplexität des Systems gewaltig erhöht.

Über all diese Forschungen kann man sich in dem 2003 von Luigi Boitani und David Mech herausgegebenen epochalen Standardwerk *Wolves. Behaviour, Ecology, and Conservation* informieren. Wer sich dort einliest, wird schnell geheilt von allen Illusionen über ein Wolfsmanagement mit festen Abschussquoten. Sebastian Koerner hat in seiner Broschüre *Ökologie und Verhalten des Wolfes*, die von der Landesjägerschaft Niedersachsen herausgegeben worden ist, das amerikanische Werk dem deutschen Publikum erschlossen.

Es ist offensichtlich, dass sich Denkmodelle zur Räuber-Beute-Beziehung, die aus Wildnisverhältnissen abgeleitet sind, kaum auf die mitteleuropäische Kulturlandschaft übertragen lassen, und zwar vor allem aus einem Grund: Die Basis der Nahrungspyramide, der Energieumsatz und Stoffwechsel der Pflanzen, wird durch Landwirtschaft, also durch Düngung, Aussaat, Schädlingsbekämpfung, gewaltig gesteigert und verstetigt. Mangelndes Nahrungsangebot spielt bei uns für wildlebende große Pflanzenfresser als limitierender Faktor kaum noch eine Rolle, zumal auch die Notzeit des Spätwinters oft ausfällt.

Trotzdem möchten die Jäger natürlich möglichst genau wissen, welchen Einfluss der Wolf auf den Wildbestand in ihren Revieren hat. Seit Jahren untersucht deshalb im Auftrag des sächsischen Umweltministeriums der Wildbiologe Mark Nitze von der Technischen Universität Dresden das Rotwild im Lausitzer Wolfsgebiet insbesondere unter dem Gesichtspunkt des Verhaltens und der Raumnutzung unter Wolfseinfluss. Wie so oft klaffen Wissenschaft und das »Erfahrungswissen« der Jäger auseinander. Die Jäger klagen, der Wolf mache das Wild heimlich und unsichtbar, es schließe sich zu Großrudeln zusammen, an die kaum noch heranzukommen sei. Die telemetrischen Daten Nitzes bestätigen das nicht. Rotwild, das mit dem Wolf sein Habitat teilt, verhält sich nicht anders als Rotwild im wolfsfreien Gebiet. Die Aussagekraft von Streckenstatistiken hält Nitze für höchst begrenzt. Rückschlüsse vom erlegten Wild auf den tatsächlich vorhandenen Wildbestand seien problematisch. Man müsse das über sehr lange Zeiträume beobachten. Für den Jäger heißt das, weiterhin zu jagen und den Wolf jagen zu lassen. Bis jetzt ist noch nicht zu erkennen, dass der eine oder der andere schwere Einbußen zu erleiden hat.

Trotzdem verstummt natürlich die Frage nicht, wie viel so ein Wolf denn frisst, wie viele Rehe, Hirsche und Wildschweine er sich holt. Von Luft und Liebe jedenfalls ernährt er sich nicht. Der Forstmann und Wildbiologe Ulrich Wotschikowsky, einer der besten Rotwild- und Wolfskenner Deutschlands, hat sich im Zuge des sächsischen Wolfsmanagements schon früh dieser Frage angenommen. Er kann sie nicht präzise beantworten. Aber er bietet immerhin eine begründete Schätzung an. Ausgangspunkt seiner Überlegungen sind die Daten zum Nahrungsbedarf von Wölfen, die in dem genannten Standardwerk von Boitani und Mech aus achtzehn Untersuchungen ermittelt worden sind. Danach braucht ein Wolf pro Tag im Durchschnitt 5,4 Kilogramm lebende Beute. Das heißt nicht, dass er so viel frisst. Abzuziehen sind die nicht verwertbaren Teile der Beute wie das Fell. Und zu berücksichtigen ist auch, dass ihm ein Teil der Beute an andere Raubtiere und Aasfresser wie Füchse oder Raben verloren geht. Dieser Teil ist umso geringer, je kleiner die Beutetiere sind. Tatsächlich frisst ein erwachsener, aktiver Wolf vielleicht 2 Kilogramm Fleisch am Tag. Handelt es sich um Elchfleisch, muss er mehr als 5,4 Kilo lebenden Elch erbeuten. Frisst er Rehfleisch, braucht er wahrscheinlich weniger als die genannten 5,4 Kilogramm Lebendgewicht.

Rehe machen in der Lausitz den Hauptanteil der Wolfsbeute aus, was ungewöhnlich, aber nun einmal der Fall ist. Die Untersuchung von mehreren tausend Kotproben am Naturkundemuseum Görlitz hat klar ergeben, dass sich die Wolfsnahrung etwa zur Hälfte aus Rehen und etwa zu je einem Viertel aus Rot- und Schwarzwild zusammensetzt. Im Frühjahr steigt der Wildschweinanteil wegen der leicht zu erbeutenden Frischlinge allerdings.

Trotz dieses Überhangs an Rehen in der Lausitz rechnet Wotschikowsky sein Modell mit dem international ermittelten Durchschnittswert von 5,4 Kilogramm lebender Beute durch. Er setzt die Beutezusammensetzung und die Durchschnittsgewichte der Beutetiere in Beziehung und kommt so auf 67 Rehe, neun Stück Rotwild und 16 Stück Schwarzwild pro Wolf und Jahr. Bei den Rehen, auch das haben die Görlitzer Untersuchungen ergeben, selektiert der Wolf nicht nach Alter. Er frisst, was kommt. Bei Rot- und Schwarzwild bevorzugt er Kälber und Frischlinge. Bei einem Rudel, bestehend aus zwei Elterntieren, zwei Jährlingen und vier halbjährigen Welpen, ergibt sich eine theoretische Jahresbeute von etwa 400 Rehen, 54 Stück Rotwild und 100 Wildschweinen pro Jahr.

Jägern treiben diese Zahlen leicht den Angstschweiß auf die Stirn. Aber sie verlieren ihren Schrecken weitgehend, wenn man sie auf die Fläche bezieht, in der ein Wolfsrudel jagt. In der Lausitz sind das im Durchschnitt 250 Quadratkilometer, also 25 000 Hektar und damit fünfzig Jagdreviere von 500 Hektar. Wilddichten und Jagdergebnisse werden auf 100 Hektar, also 1 Quadratkilometer, bezogen angegeben. Demnach erlegen Wölfe 1,6 Rehe, 0,2 Stück Rotwild und 0,4 Wildschweine pro 100 Hektar, insgesamt 2,2 Stücke Schalenwild. Im Vergleich mit der Jagdstatistik heißt das: In der Lausitz erlegen die Wölfe ebenso viele Rehe wie die Jäger, halb so viele Rothirsche und höchstens ein Viertel der Jagdstrecke beim Schwarzwild. Hinzugefügt werden muss, dass die Rehwildstrecke in der Lausitz ausgesprochen niedrig ist. Üblicherweise werden fünf bis sechs, in vielen Waldgebieten auch zehn Rehe pro 100 Hektar und Jahr geschossen.

Die Wolfsdichte und damit der Prädationsdruck auf die Beutetiere nehmen in den von Wölfen besiedelten Gebieten nicht zu. Der Zuwachs wandert ab und sucht sich neue Territorien.

Die Jäger könnten mit dem Wolf also ganz gut leben. Es bleibt ihnen unter den gegebenen Bedingungen allerdings auch nichts anderes übrig. Sie müssen sich das Wild mit dem Wolf teilen. Anders als die Landwirte können sie Entschädigung für geminderte Jagdchancen nicht beanspruchen. Bei einem Viehhalter schädigt der Wolf das Eigentum. Wild jedoch gehört, solange es frei herumläuft, niemandem. Es ist »herrenloses Gut«, das sich der Jagdberechtigte aneignen darf. Das ist der materielle Gehalt des Jagdrechts. Der Jäger hat aber keinen Anspruch auf einen bestimmten Jagdertrag. Das ist in der Natur der Sache begründet. Jagderfolg hängt von vielen Faktoren ab. Deshalb können auch die Grundeigentümer, die das Jagdrecht auf ihren Flächen verpachten, keinen Ausgleich beanspruchen, wenn der Jagdpachtzins in Wolfsrevieren sinken sollte.

Ob die Jäger sich mit dem Wolf arrangieren oder nicht, hängt stark von der Jagdorganisation und auch von der Jagdmentalität, von der Jagdkultur ab. Am wolfsfreundlichsten sind in der Regel die großen staatlichen Forstbetriebe, also die Landesforsten und der Bundesforst. Sie betrachten die Jagd vor allem als ein Mittel der Schalenwildreduktion und sind für einen neuen Helfer dankbar. Bei großen privaten Forstbetrieben kann die Jagd als Geschäftsfeld eine gewichtigere Rolle spielen. Wenn es darum geht, Trophäen-Abschüsse teuer zu verkaufen oder hohe Pachtpreise für Jagdreviere zu erzielen, wird es schwierig mit dem Wolf. Gerade in der Nähe von Ballungszentren werden immer noch märchenhafte Preise für Rotwildreviere gezahlt. Die Pächter erwarten dafür Wildbestände, die aller ökologischen und forstwirtschaftlichen Vernunft spotten. Wenn der Wolf solchen hypertrophen Jagdkult beendete, wäre das allerdings ein Segen.

Schließlich gibt es bei der Jagd wie bei der Schafhaltung auch den verschärften Konfliktfall im Hochgebirge. Wir haben die Wintergatter schon angesprochen. Hirsche durch Herdenschutzhunde zu schützen, das ist ein absurder Gedanke. Wie aber soll man Wölfe von diesen Beutetierkonzentrationen abhalten? Und wie kann man Hirsche ohne Wintergatter aus den Lawinenschutzwäldern heraushalten? Wie viele Grünbrücken bräuchte es, damit das Rotwild seiner Natur entsprechend im Winter aus den Bergen in die Flussauen ziehen könnte? Und wie stark müsste der alpine Bestand reduziert werden, damit das Akzeptanz fände? Man sieht, der Wolf bietet Anlass, Jagd und Hege, oder nennen wir es Wildmanagement, in den Mittelpunkt einer gesellschaftlichen Debatte zu rücken. Diejenigen, die das hauptsächlich angeht, die Jäger, gehen dabei aber bisher nicht voran, sondern sie igeln sich ein. Die meisten jedenfalls. Sie haben ihren kapitalen »Lebenshirsch« im Kopf, Inbegriff aller jagdlichen Träume, und nicht die faszinierende Lebensgemeinschaft von Wolf und Rotwild. So verpasst die Jagd ihre Zukunft.

Wolfsküsse:
Wölfe und Frauen

Vor mehr als zwanzig Jahren stürmte das Buch die Bestsellerlisten in Amerika und bald darauf auch in Deutschland, und bis heute verkauft es sich ausgesprochen gut: *Die Wolfsfrau* von Clarissa Pinkola Estés. Die amerikanische Ethnologin und Psychoanalytikerin pflegt darin ausgiebig ihren Hang zum Esoterischen. Aber die Kernbotschaft an ihr weibliches Publikum fasst sie doch in wenigen Sätzen zusammen: »Freilebende Wölfe und ungekünstelte Frauen haben vieles gemeinsam: die Akkuratheit ihres instinktiven Feingefühls, eine Vorliebe für alles Spielerische und eine schier unverrückbare Loyalität. Beide Gattungen sind von Natur aus beziehungsorientiert, sie schnüffeln gern neugierig herum, sie sind wissbegierig, spitzfindig, zäh, ausdauernd und seelenvoll. Was ihre Jungen, ihre Lebensgefährten und den Rest des Rudels angeht, so legen sie ein untrügliches intuitives Gespür an den Tag. Sie sind anpassungsfähig, standhaft, und in Krisensituationen beweisen beide Gattungen einen todesmutigen Heroismus. Dennoch wurden beide Gattungen auf bemerkenswert ähnliche Weise verleumdet und unterjocht, denn die Jahrhunderte währenden Säuberungsaktionen der moralpredigenden Weltverbesserer galten selbstverständlich nicht allein dem Wildwuchs in der Außenwelt, sondern mehr noch den ungezähmten Wildregionen der menschlichen und speziell der weiblichen Psyche.«

Das Motto der Wolfsfrau könnte also heißen: »Nieder mit Rotkäppchen!« Der wilde Wolf soll nicht mehr als Schreckgespenst herhalten, mit dem neugierige Mädchen auf den Pfad der Tugend und des Gehorsams zurückgescheucht werden. Nein, er ist ein Verbündeter der Frau, jahrhundertelang verfolgt und unterdrückt von denselben patriarchalischen Gewalten. Im Wolf erkennt die Frau die verborgene eigene innere Wildheit. Von dieser Idee nährt sich bis heute eine weit verzweigte Selbsterfahrungsindustrie. Gibt man »Wölfe und Frauen« oder »Wolfsfrauen« in die Suchmaschine ein, stößt man im Internet schnell auf entsprechende Angebote. Für 210 Euro Seminargebühr etwa kann die Frau im katholischen Bildungsheim St. Arbogast im vorarlbergischen Götzis unter kundiger Anleitung »neugierig herumschnüffeln, sich mit der Natur verbinden, Feuer entfachen, Knochen ausgraben, laut und deutlich aufheulen« und manches mehr. Die Begegnung mit wirklichen Wölfen gehört in der Regel nicht zum Programm solcher Selbsterfahrungswochenenden. Es reicht, wenn der Wolf als feministische Metapher präsent ist. Doch wächst die Zahl der Frauen, die sich damit nicht begnügen und ihr Leben mehr oder weniger radikal den Wölfen widmen.

Aus dieser Erfahrung heraus ist in den vergangenen Jahren mit Titeln wie *Wolfsküsse*, *Wolfssonate* oder *Wolfspirit* ein eigenes Genre autobiografischer Frauenliteratur entstanden. Im Mittelpunkt dieser Berichte steht der mystische Moment der ersten Begegnung von Frau und Wolf, ein Moment der Lebenswende, der Selbstfindung, der Heilung. Die Frau scheint zu lernen, den Wolf als Ressource weiblichen Selbstbewusstseins zu nutzen. Dem Manne hingegen schwimmen die Felle eher davon.

Früher musste man, um als richtiger Mann zu gelten, einen Wolf erlegt oder wenigstens eine Gams gewildert haben. Der Wolfszahn war am Halskettchen auf behaarter Brust zu tragen. Der Gamsbart zierte den Hut. Heute sind solche Insignien der Männlichkeit wenig angesehen. Überhaupt ist der Weg des Knaben zum Manne ein unsicherer und sich wirr windender Pfad geworden, der mit Trugbildern, nichts als Trugbildern lockt und immer tiefer in die Irre führt. Ganz anders bei den Frauen. Sie erlegen den Wolf nicht. Sie lassen sich von ihm küssen. Der Wolfskuss ist der Stern, der ihnen auf dem Weg zur Selbstfindung leuchtet. Vom Wolf geküsste Frauen beginnen vor Selbstsicherheit, Lebenslust und Tatendrang zu strotzen. Elli Radinger beschreibt in ihrem 2011 erschienenen Buch *Wolfsküsse. Mein Leben unter Wölfen* besagten Moment so: »Der Leitwolf sah mich mit gelbbraunen Augen an. Die Ohren aufmerksam nach vorn gerichtet, nahm er schnuppernd meine Witterung auf. Während ich starr stehen blieb, trabte das Raubtier mit leicht federndem Gang los. Sein Körper spannte sich zum Sprung. Er flog direkt auf mich zu. Die handtellergroßen Pfoten landeten auf meinen Schultern, seine weißen Reißzähne waren nur Zentimeter von meinem Gesicht entfernt. Ich hielt den Atem an – dann leckte er mir mit seiner rauen Zunge mehrmals über das ganze Gesicht. Ich wurde von einem Wolf geküsst!«

Man merkt, wie Elli Radinger hier noch mit dem Rotkäppchensyndrom spielt. Dass der Wolf sie fressen könnte, hält sie noch nicht für völlig undenkbar. Hernach stellt sie erleichtert fest, dass Wölfe keinen Mundgeruch haben. Bei ihren Lesungen ist nach dieser für die Praxis des Wolfsküssens nicht ganz unwesentlichen Information aufgeräumtes Murmeln im überwiegend weiblichen Publikum zu hören.

Elli Radinger ist Anfang sechzig und hat sich den neckischen Liebreiz eines Mädchens bewahrt. Oder ihn wieder gefunden. Zur Weihnachtszeit besuche ich sie in ihrem Häuschen in Wetzlar. Es ist ihr Elternhaus, sie wurde in diesen Räumen geboren. Von hier aus betreibt sie ihre umfangreichen Wolfsaktivitäten, wenn sie nicht im amerikanischen Yellowstone-Nationalpark wilden Wölfen auf der Spur ist. Jedes Jahr verbringt sie mehrere Monate dort als freiwillige Helferin beim Wolfsmonitoring. Die Freilandforschung in der Wildnis, darüber berichtet sie in ihrem Buch, hat ein ganz neues Wolfsbild zutage gefördert. Anders als in Gehegen, wo die Tiere sich nicht ausweichen können, sind Wölfe in freier Wildbahn überhaupt nicht hierarchisch und autoritär organisiert. Sie pflegen ein zärtliches Familienleben und hätten, weiß Elli Radinger, auch Humor. Mit solchem nimmt sie es auch, dass mein Hund in ihrer Gegenwart sofort wölfisches Verhalten annimmt und das Bein am Küchenschrank hebt.

Es gibt Lebkuchen und Tee in der gemütlichen hessischen Wolfshöhle. Der Blick geht vierzig Jahre zurück. Da wollte eine junge Frau die Welt kennenlernen. Sie wurde Stewardess. Dann wollte sie die Welt verändern. Sie studierte Jura, eröffnete in Frankfurt eine Rechtsanwaltspraxis. Vor jedem Gerichtstermin wurde ihr schlecht. Die Praxis warf nichts ab. Eine Ehe scheiterte. Als ein vom Prozessausgang enttäuschter Klient einen Fernseher durch das geschlossene Fenster der Kanzlei warf, merkte die inzwischen nicht mehr ganz so junge Frau, dass sie in einer Sackgasse saß. Sie flüchtete ins Elternhaus, leckte ihre Wunden, nahm Jobs als Flugbegleiterin und als Reiseleiterin in Amerika an. So lernte sie die nördliche Wildnis kennen. Und bei einem Praktikum in einer Forschungsstation kam es dann vor mehr als zwanzig Jahren zu jenem ebenso feuchten wie schicksalhaften Wolfskuss. Seitdem weiß Elli Radinger, dass Wölfe ihr Leben sind. Sie gibt das *Wolf Magazin*, die einzige ausschließlich Wölfen gewidmete Fachzeitschrift in Deutschland, heraus, organisiert Wolfsreisen in den Yellowstone-Nationalpark, arbeitet dort als Freilandforscherin und schreibt Bücher über Wölfe und Hunde. *Wölfisch für Hundehalter*, das sie zusammen mit Günther Bloch verfasste, hat sich zu einem erfolgreichen Longseller entwickelt.

Und nun also der Lebensbericht. Ursprünglich hatte sie vor, nur ein weiteres Sachbuch zu schreiben über wölfisches Verhalten im Freiland. Aber die Lektorin des Aufbau-Verlags hatte ein Näschen dafür, dass in Elli Radinger eine ganz andere Geschichte steckt, eine Frauengeschichte, eine Selbstfindungsgeschichte, Lebenshilfe für Geschlechtsgenossinnen. Nach einigem Widerstreben offenbarte Elli Radinger von sich mehr, als sie sich je hätte vorstellen können.

In Kyritz in der Prignitz treffe ich sie wieder. Die Lesung in den ländlichen Weiten Brandenburgs ist gut besucht. Wölfe sind hier keine exotischen Fremdlinge. Es wurden in der Gegend schon Schafe gerissen. Auch in Wildgehege mit Damhirschen und Rentieren brachen Wölfe ein. Aber den Frauen aller Altersstufen, die Elli Radinger an den Lippen hängen, geht es offensichtlich nicht so sehr um die grauen Räuber, sondern um die kleine, starke Frau da vorne am Lesepult. Folgen Sie Ihren Träumen, haben Sie vor nichts Angst, trauen Sie sich etwas zu – mit glänzenden Augen vernehmen sie die Botschaft. Die wenigen Männer im Saal schlagen reflexhaft die Beine übereinander, als Frau Radinger berichtet, dass man bei der Annäherung an einen Wolf alles in Sicherheit bringen müsse, was an einem herumbaumele. Glucksen in Kyritz, das gar nicht an der Knatter liegt, sondern zu diesem Beiwort durch spottlüsterne Berliner kam, denen das Knattern der vielen Mühlen nicht aus den Ohren ging. Es war ein inniger Abend in Kyritz. Wenn Frauen und Wölfe zusammenkommen, wird alles gut, sogar in der tiefen brandenburgischen Provinz.

Gudrun Pflüger, Biologin und ehemalige österreichische Profi-Langläuferin, ist Elli Radingers Schwester im Geiste. Sie betreibt Feldforschung an Wölfen im Westen Kanadas. Im Herbst des Jahres 2005 bezieht sie nach vielen erfolglosen Wolfssuchen ihren Beobachtungsposten auf einer Wiese an einem Flussufer. Sie bewundert die Grazie der einfallenden Kraniche und schaut einer Schar Kanadagänse hinterher, die über die Wiese watscheln. Und dann der Moment, in dem sie den *Wolfspirit*, so der Titel ihres 2012 erschienenen Buches, empfängt: »Plötzlich wird alles still. Die Atmosphäre erinnert mich an etwas. An die Anspannung vor etwas Wichtigem, an das Atemanhalten vor dem großen Auftritt, an das Ende des Wartens ... Ich drehe mein Fernglas in die Richtung, gerade als das erste Tier die Wiese betritt. Gebannt fokussiere ich meinen Blick auf das Waldstück, als der nächste und dahinter gleich noch ein weiterer Wolf sichtbar werden. Schließlich sind es sechs erwachsene Wölfe ... Die Leitwölfin lenkt ihren Schritt direkt auf mich zu. Ich habe mich inzwischen flach ins Gras gelegt ... Die Elterntiere umkreisen mich. Ich spreche sie mit ruhiger, gleichbleibender Stimme leise an. Zu ihrer Beruhigung, aber sicher vor allem auch zu meiner eigenen. Und doch – es ist mit Worten nicht besser zu beschreiben – liegt da etwas in der Luft, das mir das tiefe Gefühl gibt, dass alles gut ist ... Die Leitwölfin ist näher gekommen. Ich fühle sie mit all meinen Sinnen. Höre ihren Atem, spüre ihre samtigen Schritte, rieche ihr Fell, sehe ihr Gesicht. Dann stupst sie mich leicht am Bein an. Von der wilden Wölfin sanft berührt. Es gibt keine passenden Worte für den Zustand, in dem ich bin. Ich weiß nur: Ich habe mich noch nie so lebendig gefühlt, so als Mensch und zugleich so als Teil der Natur. So groß und so klein. So ich.«

Wenige Wochen nach diesem Erlebnis wird bei Gudrun Pflüger ein aggressiver Gehirntumor entdeckt. Sie nimmt zunächst mit Chemo- und Strahlentherapie, dann mit einer alternativen Heilmethode den Kampf gegen den Krebs auf. Sie wird geheilt und bringt ein Kind zur Welt. Die Kraft dazu, davon ist sie überzeugt, gewann sie durch die sanfte Berührung der wilden Wölfin. Während sie mit der Krankheit rang, fand sie den Begriff »Wolfspirit«. Er steht für die Zielstrebigkeit, Ausdauer und Leidensfähigkeit, für den Teamgeist und den Lebenswillen dieser sozial organisierten Tiere.

In dem Jahr, in dem Gudrun Pflüger von der Wölfin berührt und vom Krebs attackiert wurde, erschien unter dem Titel *Wolfssonate* die deutsche Übersetzung der Autobiografie der französischen Pianistin Hélène Grimaud. Auf dem Titelfoto des Schutzumschlags lässt sie sich gleich von drei Wölfen küssen. Hélène Grimaud hatte sich als Pianistin in den Konzertsälen dieser Welt schon durchgesetzt, als sie kurz vor der Jahrtausendwende in South Salem im Staate New York ein »Wolf Conservation Center« gründete. Es soll der Forschung und Bildung dienen und beteiligt sich seit Jahren auch an den Erhaltungs-

zuchtprogrammen für Mexikanische Grauwölfe und Rot-
wölfe, zwei vom Aussterben bedrohte amerikanische Unterarten von *Canis lupus*.

Hélène Grimaud ist eine herausragende Musikerin, ei-
genwillig, kraftvoll und sinnlich. Während ich dies schreibe, höre ich gerade Robert Schumanns Fantasiestücke für
Cello und Klavier, die sie mit der Cellistin Sol Gabetta ein-
gespielt hat als spannungsvoll schwingenden Zwiegesang,
wunderbar klar und leuchtend, ohne jeden Salonschmalz.
Wölfe haben, wenn man ihrem Lebensbericht glaubt, entscheidenden Anteil an ihrer künstlerischen und menschlichen Reifung.

Die Begegnung fand in einer schlaflosen Nacht im Wald
statt, in Florida, am Rand der Stadt Tallahassee, wohin sie
einem Fagottisten gefolgt war, den sie eine Zeit lang lieb-
te. Hélène hatte schon gehört von einem schrullig-un-
heimlichen Vietnamveteranen, der nachts mit einem großen Hund spazieren gehe. Dass es kein Hund sein konnte,
sah Hélène auf den ersten Blick: »Das Tier hatte einen
Gang, den man nicht beschreiben kann, gespannt, ver-
stohlen, als bewege es sich in einem Tunnel vorwärts, der
kaum hoch genug ist. Seine Augen hatten ein fast überna-
türliches Leuchten; ein mattes, violettes, wildes Licht ging
von ihnen aus. Merkwürdigerweise brachte jeder seiner
Schritte die Geräusche ringsumher zum Verstummen: keine Nachtvögel mehr, kein Kriechen und kein Flügelschla-
gen, nur tiefe, gespannte Stille. Es sah mich an, und ein
Schauer ging durch meinen Körper – weder Angst noch
Beklommenheit, einfach nur ein Schauer.«

Was dann folgt, ist die Schlüsselszene ihrer Autobiografie. Die zahme Wölfin des Waldmenschen nähert sich ihr und beschnuppert ihre Hand: »Ich streckte nur die Finger aus, und von ganz allein schmiegte sie ihren Kopf und dann ihr Schulterblatt an meine Handfläche. In diesem Augenblick spürte ich einen stechenden Funken, eine Entladung im ganzen Körper, einen einzigartigen Kontakt, der meinen ganzen Arm und meine Brust bestrahlte und mich mit einem sanften Gefühl erfüllte.« Nach dieser durchaus orgiastischen Erfahrung spürt Hélène »einen geheimnisvollen Gesang« in sich aufsteigen und hört »den Ruf einer unbekannten und ursprünglichen Kraft«. Im selben Moment wirft sich die Wölfin vor ihr auf den Rücken und bietet ihr den Bauch dar. Sie unterwirft sich.

Hélène Grimaud wird vom Wolf nicht mehr loskommen, in einer New Yorker Wohnung Wolfswelpen halten und schließlich viel Geld und Energie in den Wolfsschutz und die Wolfsforschung stecken. Dieses »Doppelleben« ist ihr absolutes Alleinstellungsmerkmal im globalen Musikbetrieb.

Elli Radinger, Gudrun Pflüger, Hélène Grimaud, drei moderne, emanzipierte, unabhängige Frauen, ausgesprochen starke Vertreterinnen ihres Geschlechts, erfahren die Begegnung mit dem Wolf als eine geheimnisvolle Übertragung von Lebensenergie, als einen wundersamen Moment der Selbstfindung, als Lebenswende. Was hat das zu bedeuten? Wir müssen noch einmal auf Rotkäppchen zurückkommen, jenes in zahllosen Varianten überlieferte Märchen, das in Europa jedenfalls eine Art Schlüsselerzählung, ein narratives Paradigma zum Verhältnis von Wolf und Frau darstellt. Rotkäppchen ist ein Mädchen an der Schwelle zur Pubertät. Seine rote Mütze wird von manchen Interpreten als Zeichen der einsetzenden Menstruation gelesen. Es wird von der Mutter mit Wein und Kuchen zur Großmutter geschickt, womit die Bindungen und Verpflichtungen in der weiblichen Generationenfolge Großmutter–Mutter–Tochter unterstrichen werden. Die Mahnung, nicht vom Wege abzuweichen, ist unschwer auch im übertragenen Sinn zu verstehen.

Sie ist, wie man weiß, in solchen Fällen meistens in den Wind gesprochen, natürlich auch in diesem. Dem freundlich schmeichelnden Wolf begegnet Rotkäppchen völlig unbedarft. Die Fragen, die es, kurz bevor es von ihm verschlungen wird, der »Großmutter« stellt, geben genau die Mischung aus Neugier, Furcht, Angst und Lust wieder, die Rotkäppchens Gefühlslage angesichts des riesigen pelzigen Tieres mit dem großen Rachen bestimmt. Es wird heute zuweilen die Auffassung geäußert, gerade mit dieser Passage würden Kinderseelen brutal gepeinigt. Das hieße aber in der Konsequenz, dass Urerfahrungen, die seit Hunderttausenden von Jahren im Gedächtnis der Menschen sitzen, nicht zur Sprache gebracht werden dürfen. Die Angst davor, von Tieren mit großen Krallen und Zähnen und einem riesigen Rachen verschlungen zu werden, gehört zu diesen Urerfahrungen aller Hominiden. Kinder haben einen Anspruch auf solche Geschichten.

Es wird im Märchen nicht verschwiegen, wie ambivalent das Verhältnis des Mädchens zum Wolf ist. Doch dann nimmt die Geschichte mit dem Jägersmann, der Großmutter und Rotkäppchen aus dem Bauch des Wolfes befreit, eine pädagogische Wendung. Patriarchalische Autorität stellt die Ordnung wieder her. Rotkäppchen wird künftig aufpassen und sich vor Wölfen hüten. Für Mädchen und Frauen gehört es sich, dass sie Angst vor Wölfen haben.

Das ist allerdings nicht nur ein von einer schwarzen Pädagogik postuliertes Lernziel, sondern auch ein Erfahrungssatz. Wenn Menschen Opfer von Wölfen werden, dann sind es in den allermeisten Fällen Frauen und Kinder. Wir werden uns damit im Kapitel über die Gefährlichkeit des Wolfes noch näher befassen. Hier soll am Beispiel der »Bestie von Gévaudan« gezeigt werden, dass das Bild der Frau als schutzbedürftiges Opfer des Wolfes aus höchst realen Erfahrungen und noch mehr aus deren kolportagehafter Überlieferung entstanden ist. Wir werden die Frage, ob es sich bei der »Bestie von Gévaudan« um einen oder mehrere Wölfe, einen Wolf-Hund-Mischling oder gar um eine aus einer Menagerie ausgerissene Tüpfelhyäne gehandelt hat, nicht entscheiden. Die meisten Autoren, die sich mit dem Verhältnis Mensch–Wolf befassen, so auch Erik Zimen, Utz Anhalt und Daniel Bernard, deren Darstellungen wir folgen, gehen ausführlich auf die mörderischen Geschehnisse in einer einsamen Gegend der Auvergne ein, die zwischen 1764 und 1767 nicht nur Frankreich, sondern ganz Europa in Atem hielten. Die Opfer sind aktenkundig, wir haben es mit wirklichem Geschehen, nicht mit einer Legende zu tun. Vieles spricht dafür, dass Wölfe an diesen Tötungen beteiligt waren, wenig für die Version, in Wahrheit habe ein menschlicher Serienmörder sein Unwesen getrieben.

Im Frühjahr 1764 verbreitete sich zum ersten Mal die Kunde, dass bei Gévaudan eine »Bestie« die Herden der Schäfer überfalle. Der Siebenjährige Krieg war gerade zu Ende gegangen, weite Landstriche verarmt. Der Verlust von Nutztieren war existenzgefährdend. Doch nicht nur an Schafen und Ziegen vergriff sich die Bestie, sondern auch an Frauen und Kindern. Sie wird als »groß wie ein Kalb, mit breitem Kopf und einer spitzen Windhundschnauze« beschrieben. Ludwig XV. schickte Soldaten und die berühmtesten Wolfsjäger der damaligen Zeit. Eine Treibjagd mit 20 000 Teilnehmern wurde veranstaltet. Der König setzte ein hohes Kopfgeld aus. In den Pariser Salons wie in den Bauernkaten in der Provinz war die »Bestie« Hauptgesprächsthema. Fliegende Blätter und Bilderbögen mit fantasievoll ausgeschmückten Schilderungen schürten die Erregung. Es gelang schließlich, einen Wolfsrüden zu erlegen, später auch die Wölfin und die Welpen. Es schien wieder Ruhe einzukehren.

Doch bald ging es mit den Angriffen von Neuem los. Nach drei Jahren zählte man 68 Frauen und mehr als 100 Kinder, die Opfer der »Bestie« geworden waren, meist beim Viehhüten im Wald. Noch einmal wurde zur Jagd geblasen und tatsächlich auch noch einmal ein, wie es hieß, riesiger Wolf zur Strecke gebracht. Danach war Ruhe. Der Kadaver sollte nach Paris transportiert und dort von Naturforschern untersucht werden. In der Sommerhitze kam dem die Verwesung zuvor, sodass wir nie erfahren werden, um was für ein Tier es sich da handelte. Aber es ist im französischen Nationalarchiv ein amtliches Erlegungsprotokoll erhalten, das am 20. Juni 1767 von dem Notar Roch Etienne Marin verfasst wurde. Die darin gegebene Beschreibung lässt doch stark an einen Wolf-Hund-Mischling denken. »Es schien ein Wolf zu sein«, heißt es da, »doch ein sehr außergewöhnlicher und sehr verschieden von den anderen Wölfen dieser Gegend. Das haben uns mehr als 300 Personen aus der Umgegend bezeugt ... Sein Hals ist bedeckt von einem sehr dichten Fell von einem rötlichen Grau, durchzogen von einigen schwarzen Streifen; es hat auf der Brust einen großen weißen Fleck in Form eines Herzens. Die Pfoten sind bestückt mit vier Krallen, die viel mächtiger sind als die anderer Wölfe; besonders die Vorderbeine sind sehr dick und haben die Farbe des Rehbocks, eine Farbe, die Fachleute noch nie bei einem Wolf sehen konnten.« Es ist durchaus möglich, dass sich in dieser abgeschiedenen, verarmten Region Wölfe und verwilderte Hirtenhunde kreuzten, ein Phänomen, das noch in jüngster Zeit bei den Wölfen in den italienischen Abruzzen beobachtet werden konnte.

Die zoologische Wahrheit von Gévaudan ist nicht mehr zu ermitteln. Aber die Wirkungsmacht der populären, ja, man kann sagen gemeineuropäischen Erzählung von der Wolfsbestie, die Frauen und Kinder massenhaft umbringt, hängt von der exakten zoologischen Wahrheit nicht ab, zumal, wie gesagt, kein Anlass besteht, in Zweifel zu ziehen, dass die »Täter« bei diesem Massaker Wölfe oder wolfsähnliche Raubtiere waren.

Gévaudan war, was die Zahl der Opfer und die öffentliche Aufmerksamkeit angeht, außergewöhnlich, jedoch kein Einzelfall. Die Archive sind voll mit mehr oder weniger fantasievoll ausgeschmückten Berichten über ähnliche Ereignisse. Das Bild von der Frau als dem potenziellen Opfer des Wolfes hat sich fest ins europäische Bewusstsein eingeprägt – auch, wie wir gesehen haben, durch traumatische Erfahrungen. Umso erstaunlicher mutet vor diesem Hintergrund die neue weibliche Wolfsaffinität an. Sie kann nicht plötzlich aus heiterem Himmel kommen. Sie muss eine Vorgeschichte haben.

Der Wolfsforscher Erik Zimen war fasziniert von der Idee, die Begegnung von Frau und Wolf in grauer Vorzeit könne die Initialzündung der kulturellen Evolution des Menschen gewesen sein. Als ich ihn auf seinem niederbayerischen Einödhof besuchte, erzählte er davon, wie unterschiedlich männliche und weibliche Reaktionen auf den Wolf seien. Nach dem Ausbruch der Wölfe aus seinem Forschungsgehege im Nationalpark Bayerischer Wald 1976 seien Männer als Förster, Jäger und Polizisten ohne Zögern ausgezogen, um die drohende Gefahr für Frauen und Kinder zu bekämpfen. Frauen hätten sich zwar auch gefürchtet. Doch die wenigen Stimmen, die fragten, ob man diese »schönen Tiere« wirklich unbedingt töten müsse, seien durchweg weiblich gewesen. Auf dem Tisch hatte er Fundzeichnungen der Ausgrabung einer steinzeitlichen Siedlung bei Gönnersdorf am Rhein ausgebreitet. Vor

15 000 Jahren hatten die Jäger und Sammler in der nacheiszeitlichen Tundra die Böden ihrer Hütten mit Schieferplatten befestigt. Ritzzeichnungen auf diesen Platten zeigen Motive aus der Lebenswelt der Wildbeuter, vor allem natürlich ihre Beutetiere. Auf einem Plattenfragment ist deutlich ein Wolf zu erkennen. Das wäre nicht weiter verwunderlich, waren doch Wolfsrudel die ständigen Begleiter nomadisierender Steinzeitjäger. Mit der Wolfszeichnung eng verschlungen sind jedoch Frauengestalten. Das kann ein Zufall, eine Überzeichnung sein. Es kann aber auch etwas zu bedeuten haben. Zimen war von Letzterem überzeugt und suchte in der Archäologie nach weiteren Indizien, die seine Vermutung stützten. In einem jungsteinzeitlichen Grab bei Oberkassel fand man eine junge Frau, die zusammen mit einem wolfsähnlichen Tier bestattet worden war. Genauere Untersuchungen ergaben, dass es sich wohl um einen frühen Haushund gehandelt haben muss. Dem Mann gab man Waffen und Werkzeuge als Grabbeigabe mit ins Reich der Toten. Der Frau den Hund. Wenn man wissen will, wo in der verschlüsselten Geschichte von Frauen und Wölfen der Hund begraben liegt, stößt man also tatsächlich auf einen solchen.

Die Domestikation des Wolfes zum Hund war in der Geschichte der Menschheit ein erster radikaler Schritt der Naturbeherrschung. Man darf sich diesen Akt aber nicht als heroische Zähmung der wilden Bestie vorstellen.

Wir werden noch sehen, wie Menschen und Wölfe in den eiszeitlichen Steppen interagierten und wie sich nach und nach menschlich-wölfische Lebensgemeinschaften bildeten. Hier interessiert uns zunächst die Rolle, welche die Frauen in dieser Urszene der kulturellen Evolution gespielt haben könnten. Ein Wolf wird nicht zahm und lässt sich nicht auf den Menschen prägen, wenn er nicht im Alter von wenigen Tagen von seiner Mutter getrennt und von Menschenhand aufgezogen wird. Dazu braucht man Milch. Die gab es in den Zeiten, in denen die Domestikation von Rind, Schaf und Ziege noch in ferner Zukunft lag, nur bei den Frauen. Deshalb glaubte Erik Zimen, dass die Geschichte des Hundes damit begann, dass Frauen Wolfswelpen an die Brust legten. Das ist so ungewöhnlich nicht, wie es auf den ersten Blick erscheint. Noch heute werden in manchen Kulturen Haustierjunge von Frauen gestillt.

Nicht der Jäger also, der einen Jagdgehilfen brauchte, »schuf« sich den Hund. Es war die Frau. Ob sie etwas zum Schmusen und als Bettwärmer suchte oder ob sie eher im Sinn hatte, eine lebende Nahrungsreserve für Zeiten ausbleibenden Jagderfolgs anzulegen, das wollen wir hier offenlassen. Der frühe Mensch und der Wolf waren sich als sozial lebende Jäger so ähnlich und so aufeinander fixiert, dass Menschenfrauen wahrscheinlich keinen »Grund« brauchten, Wolfswelpen aufzuziehen, die ihre Männer von den Jagdzügen mitbrachten.

Von der Gründungssage Roms bis zu Rudyard Kiplings *Dschungelbuch* zieht sich das Motiv der Menschenkinder säugenden Wölfin durch Mythos, Kunst und Literatur. Vermeintlich reale »Wolfskinder« erregten immer wieder die Aufmerksamkeit von Öffentlichkeit und Wissenschaft. Biologisch ist es unmöglich, dass eine Wölfin oder Hündin einen menschlichen Säugling aufzieht, weil ihre Laktationsperiode dafür viel zu kurz ist. Der Vitalität des Mythos der mütterlichen Wölfin tut das keinen Abbruch. Man kann sich das erklären, wenn man dieses Bild als Umkehrung der zivilisatorischen Urszene liest. In der Menschenkinder säugenden Wölfin steckt die Wolfskinder säugende Frau.

Die modernen »Wolfsfrauen« von heute können sich also darauf berufen, dass das weibliche Geschlecht jahrtausendelang eine höchst exklusive und intime Beziehung zu den Wölfen pflegte, bevor Ackerbau und Viehzucht, das Patriarchat, Kirche und Staat ihm die Rolle des zu beschützenden Opfers zuwiesen. Wenn sich Frauen an die wilden alten Zeiten erinnerten, konnte es passieren, dass ihnen der Hexenprozess gemacht wurde. Heute sind die »Wildregionen der weiblichen Psyche« Stoff, aus dem sich Bestseller machen lassen.

Wolfsbisse:
Gefährliche Wölfe

Wir schreiben den 25. Juni 1957. In der Nähe des kleinen Dorfes Vilar in der nordwestspanischen Provinz Galicien gehen zwei fünf Jahre alte Jungen eine Straße entlang. Am helllichten Tag werden sie von einem Wolf angegriffen. Einer der Jungen kann fliehen, den anderen, Luis Vázquez Pérez, tötet der Wolf und setzt dann dem fliehenden nach, bedroht ein fünfzehn Jahre altes Mädchen und wird schließlich von Erwachsenen verjagt. Luis' Leiche weist Bisswunden am Kopf und Brustkorb auf. Augenzeugen wollen gesehen haben, dass es sich bei dem Wolf um eine säugende Wölfin gehandelt habe. Deutlich seien die Zitzen zu erkennen gewesen.

Ein Jahr später: Am 22. Juli 1958 greift wieder ein Wolf zwei spielende Kinder im benachbarten Dorf Tines an. Den fünf Jahre alten Manuel Suarez packt er am Kopf und schleppt ihn etwa 15 Meter mit sich, bevor Erwachsene eingreifen und den Wolf, anscheinend wieder eine laktierende Wölfin, verjagen. Das Kind wird ins Krankenhaus gebracht. Es überlebt.

21. Juni 1959: Zwei Vierjährige spielen allein. Ein Wolf stürzt sich auf Manuel Sar Pazos und beißt ihm in den Rücken. Einem Erwachsenen gelingt es, den Angreifer zu verjagen. Das Kind stirbt. Im August des Jahres werden in der Gegend zwei Wölfe getötet. Es kommt zu keinen weiteren Übergriffen.

Fünfzehn Jahre später in derselben Region: Am 3. Juli 1974 greift ein Wolf eine 59 Jahre alte Frau und ein dreizehn Jahre altes Mädchen an, die zusammen auf dem Feld arbeiten. Beide werden verletzt, bevor der Wolf vertrieben werden kann. Am Tag darauf schleppt ein Wolf einen elf Monate alten Säugling, José Pérez, davon, der in unmittelbarer Nähe von Erwachsenen und Kindern abgelegt war, die auf dem Feld arbeiteten. Der Wolf wurde verjagt. Das sterbende Kind fand man im Gebüsch.

Am 10. Juli riss ein Wolf einen Dreijährigen, Javier Balbin, von der Seite einer älteren Frau. Sie versuchte das Tier zu verscheuchen, doch der Wolf bedrohte sie und rannte schließlich mit dem Kind davon, dessen Leiche man 250 Meter weiter in einem kleinen Wäldchen fand. Augenzeugen versicherten, es habe sich bei dem Angreifer um eine laktierende Wölfin gehandelt. Am 14. Juli wurde tatsächlich eine solche Wölfin durch Giftköder getötet. In ihrer Höhle fand man zwei Welpen. Die Angriffe hatten alle im Umkreis von 6 Kilometern um diese Höhle stattgefunden und alle in der Nähe von Hühnerfarmen. Hühner waren die Hauptnahrung des Wolfes. Tollwut hatte er nicht. Die galicische Wolfspopulation hat sich an die Bedingungen einer intensiv bewirtschafteten Agrarlandschaft angepasst. Wild gibt es wenig. Abfall, Nutztierkadaver, Nachgeburten von Weidetieren machen die Hauptnahrung der Wölfe aus.

Wir zitieren hier nicht aus einer Propagandabroschüre wütender Wolfsgegner, die Wolfsangst schüren wollen, sondern aus dem Bericht *The Fear of Wolves: A Review of Wolf Attacks on Humans*, der 2002 im Auftrag des norwegischen Umweltministeriums von einem internationalen Team renommierter Wildbiologen am Norwegischen Institut für Naturforschung (NINA – Norsk institutt for naturforskning) veröffentlicht wurde. Die Leitung dieses Mammutwerks penibler Recherche lag bei dem norwegischen Biologen John Linnell. Aus der deutschen Wolfsforschergemeinde war Christoph Promberger beteiligt, und natürlich fehlten weder Luigi Boitani aus Italien noch Henryk Okarma aus Polen. Die Wildbiologen betätigten sich über weite Strecken als Historiker. Sie werteten Quellen aus, die bis ins 16. Jahrhundert zurückgehen und aus dem gesamten Wolfsverbreitungsgebiet der Erde stammen. Noch nie ist ein so umfassendes, facettenreiches, die jeweiligen Umstände beleuchtendes Bild der Gefährdung von Menschen durch Wölfe gezeichnet worden.

Im Lichte dieses Berichtes muss man die Behauptung übereifriger Wolfsfreunde, es seien keine Fälle bekannt, in denen gesunde Wölfe Menschen angegriffen hätten, als haltlos bezeichnen. Die große Wolfsfreundin Elli Radinger schreibt, wenn sie für jedes Mal, das sie solche

Aussagen gehört oder selbst gemacht habe, einen Euro bekommen hätte, bräuchte sie sich über ihre Altersversorgung keine Sorgen zu machen. Sie plädiert für Ehrlichkeit und hat deshalb in ihrem eigenen kleinen Buch *Wolfsangriffe. Fakt oder Fiktion?* den Linnell-Bericht sowie zusätzlich die Fallsammlung des Amerikaners Mark E. McNay *(A Case History of Wolf-Human Encounters in Alaska and Canada)* aus dem Jahr 2003 ausgewertet. So grausam sich die Details von Wolfsangriffen darstellten, so minimal sei doch insgesamt das Risiko, durch einen Wolf zu Schaden zu kommen oder gar getötet zu werden, resümiert sie.

Das Muster von Wolfsangriffen im vorindustriellen Europa haben wir am Beispiel der »Bestie von Gévaudan« schon vorgestellt. Hier soll uns die Frage interessieren, welche Gefahr von Wölfen in neuester Zeit ausgeht. Laut dem Linnell-Bericht kam es zwischen 1950 und 2000 in Europa – ohne Russland, Weißrussland und die Ukraine – bei einer geschätzten Wolfspopulation von 15 000 Tieren zu 59 Wolfsangriffen auf Menschen. Die meisten dieser Angriffe, nämlich 38, gingen von tollwütigen Wölfen aus. Fünf dieser Tollwutattacken endeten tödlich. Offenbar ist die aggressive Phase des Tollwutverlaufs, die eigentliche Beißwut, bei Wölfen besonders ausgeprägt. Sie suchen sich ihre Opfer und beißen wahllos zu. Ihr Verhalten erinnert an einen Amoklauf. Vor der Entwicklung einer wirksamen Schutzimpfung Ende des 19. Jahrhunderts waren Bisse tollwütiger Wölfe das sichere Todesurteil für die Opfer. Hunderte Menschen fielen ihnen in

Europa zum Opfer. In Asien kommt das heute noch relativ häufig vor. Von Straßenhunden geht hier allerdings das größere Tollwutrisiko aus.

Die Weltgesundheitsorganisation schätzt, dass jährlich immer noch etwa 50 000 Menschen an der Tollwut sterben. Es ist ein sehr qualvoller Tod. Zeigen sich die ersten Symptome der Krankheit, gibt es keine Rettung mehr. Die Wolfspopulation gilt zwar nicht als Reservoir des Tollwutvirus – das bilden nach wie vor die Füchse, in Amerika auch Skunk und Waschbär –, aber zu seiner Verbreitung können Wölfe wegen ihrer weiten Wanderwege beitragen. West- und Mitteleuropa sind derzeit tollwutfrei. In Deutschland wurde 2006 in der Gegend von Mainz der letzte Fuchs positiv auf Tollwut getestet. Seit 2008 ist die Bundesrepublik offiziell »tollwutfrei«. Nur bei Fledermäusen wird das Virus noch gefunden. Aber die Seuche kann wiederaufflackern. Pläne, wie in diesem Fall mit den rundum geschützten Wölfen zu verfahren wäre, gibt es noch nicht.

Für Alaska und Kanada sind im McNay-Report zwölf Begegnungen mit tollwütigen Wölfen aufgezeichnet. Am Huikitak River in den kanadischen Northwest Territories verlief im Juni 1984 eine solche Begegnung glimpflich. Drei Biologen landeten mit dem Hubschrauber in der Nähe einer Wolfshöhle. Eine Wölfin mit angeschwollenem Gesäuge lief langsam vor ihnen in Richtung Höhle davon. Die Biologen folgten ihr. Plötzlich kam ein zweiter Wolf direkt auf sie zu. Er war am Fang verletzt, ein Fetzen Fleisch hing von seinem Kiefer herunter. Die Biologen schrien ihn an, doch er ließ sich nicht beeindrucken, sondern verbiss sich in die Kamerastative, mit denen sie sich verteidigten. Sie schlugen auch mit Rucksäcken, Ferngläsern und Kameras auf den Wolf ein. Schließlich gelang es ihnen, sich in den Hubschrauber zu retten. Von dort aus erschossen sie den Wolf. Die Tollwutuntersuchung erbrachte ein positives Ergebnis. Der Rüde hatte eine eher milde Form der Wut gezeigt, wirkte mit ausdruckslosem Gesicht wie abwesend. Opfer der rasenden Wut eines Wolfes wurde 1942 ein Inuit-Jäger in Noorvik, Alaska, der eine halbe Stunde lang mit dem Messer gegen das ihn immer wieder von Neuem attackierende Tier kämpfte, bis es sich schließlich doch zurückzog. Sechs Wochen später starb der Jäger an der Wut.

Von den 21 Attacken durch gesunde Wölfe in Europa seit 1950 endeten vier tödlich. Es handelt sich um die beschriebenen Vorfälle in Spanien aus den Jahren 1957 bis 1959 und 1974. Gesunde Wölfe können Menschen angreifen, wenn sie in die Enge getrieben werden oder ihre Beute oder ihren Nachwuchs bedroht sehen. Andererseits gibt es jedoch auch Berichte, dass Wolfseltern tatenlos zusehen, wie ihre Welpen aus der Wurfhöhle geholt werden.

In seltenen Fällen machen Wölfe Jagd auf Menschen. Die Angriffe auf Kinder in Spanien waren offensichtlich beutemotiviert. In Weißrussland wurden in den Neunzigerjahren des vorigen Jahrhunderts ein Rentner, ein Holzfäller und ein neunjähriges Mädchen von Wölfen gefressen. Das Mädchen war vom Lehrer bis zum Einbruch der Dunkelheit zum Nachsitzen in der Schule festgehalten und dann auf den Nachhauseweg durch den Wald geschickt worden. Man fand nur noch den Kopf. Der Vater des Mädchens erschoss daraufhin den Lehrer.

In Indien ist es für Kinder in manchen Gegenden ausgesprochen gefährlich, außerhalb der Dörfer zu spielen. In den Bundesstaaten Uttar Pradesh, Andhra Pradesh und Bihar wurden zwischen 1980 und 2000 mindestens 273 Kinder von Wölfen getötet, was wahrscheinlich damit zusammenhängt, dass in diesen armen, landwirtschaftlich übernutzten Regionen der Bestand an Wildtieren wie auch an Weidetieren gering ist und Wölfe lernen, dass Kinder leichte Beute sind. Die Fälle sind durch Polizeiakten gut dokumentiert und von einem indischen Wolfsbiologen untersucht worden. Fast alle Opfer waren Kinder unter sechzehn Jahren, die am Dorfrand in dichtem Unterholz spielten oder ihre Notdurft verrichteten. Die Wölfe hatten offenbar die Scheu vor Menschen verloren. Sie trieben sich mitten in den Dörfern herum, drangen manchmal sogar in die Hütten der Dorfbewohner ein. Es wurde der Verdacht geäußert, die verarmten Menschen legten es wegen der von der Regierung in solchen Fällen gezahlten hohen Entschädigung darauf an, dass sich Wölfe an ihren Kindern vergreifen. Aber auch Gerüchte über menschliche »Werwölfe«, Männer, die sich in blutrünstige Bestien verwandeln, machten die Runde. Es kam zu Lynchmorden.

In Europa und Nordamerika sind solche Verhältnisse unvorstellbar. Doch auch hier können, wie wir an den galicischen Beispielen gesehen haben, Wölfe unter bestimmten Umständen vergessen, dass Menschen nicht zu ihrem natürlichen Beutespektrum gehören. In Amerika sorgte in jüngster Zeit ein Fall für Aufsehen, dessen Details Elli Radinger zusammengestellt hat. Am frühen Morgen des 8. März 2010 wurde in der Nähe des Dorfes Chignik Lake im Südwesten Alaskas die Leiche der Sonderschullehrerin Candice Berner gefunden. Die begeisterte Läuferin trainierte für einen größeren Wettbewerb. Beamte der Wildtierbehörde protokollierten, dass ihr Körper von der Straße gezogen worden sei und an dieser Stelle zahlreiche Wolfsspuren vorhanden gewesen seien. Die Autopsie kam zu dem Ergebnis, dass der Tod durch »Tierbisse« hervorgerufen worden sei. Wölfe waren den Dorfbewohnern schon in den vorausgegangenen Wochen als besonders dreist und zudringlich aufgefallen. Nach dem Angriff auf Candice Berner wurden in der Gegend insgesamt acht Wölfe getötet. Bei keinem wurde Tollwut nachgewiesen. Mindestens zwei von ihnen hatten an Körper und Kleidung des Opfers DNA-Spuren hinterlassen. Es gibt keinen vernünftigen Zweifel daran, dass Candice Berner von Wölfen getötet wurde.

Nach dem Spurenbild könnte sich der Angriff so abgespielt haben: Weil die junge Frau beim Laufen Kopfhörer trug und Musik hörte und zudem ein heftiger Wind wehte, ist es möglich, dass sie die Wölfe nicht rechtzeitig bemerkte. Sie wechselte dann abrupt die Richtung und scheint versucht zu haben, vor den Wölfen davonzurennen. Zwei Wölfe verfolgten sie die Straße hinunter, ein anderer schnitt ihr den Weg ab. Die getöteten Wölfe waren in bester Verfassung und keineswegs ausgehungert. Auch gibt es keinen Hinweis darauf, dass sie durch Fütterung »habituiert«, also an den Menschen gewöhnt worden waren. Sie haben, so muss man den Vorgang wohl interpretieren, eine Gelegenheit, Beute zu machen, beim Schopf gepackt.

Können wir, nachdem wir um all diese Fälle wissen, noch unbeschwert in den Wald gehen, wenn dort die Wölfe hausen? In der vom Lupus Institut erstellten weitverbreiteten Broschüre *Leben mit Wölfen* heißt es: »Menschen gehören nicht zum Beutespektrum des Wolfes. In unserer Kulturlandschaft meiden sie selbst ohne Jagddruck eine Begegnung mit den Menschen. Meistens weichen Wölfe aus, noch ehe wir sie bemerkt haben. In den Dämmerungsstunden und in der Nacht folgen die Wölfe ihren wild lebenden Beutetieren bis in den menschlichen Siedlungsbereich ... Im Wolfsgebiet in der Lausitz konnte man in den vergangenen zehn Jahren nur in wenigen Einzelfällen Wölfe im Hellen im Siedlungsbereich beobachten. Wahrscheinlich handelte es sich dabei immer um unerfahrene Jungwölfe.« Doch Begegnungen im Hellen werden häufiger. Und nicht immer zeigen sich die Wölfe so scheu, wie sie eigentlich sein sollten.

Mild bescheint die Dezembersonne die verschneite Landschaft. Auf dem Truppenübungsplatz Munster in der Lüneburger Heide sind die Bedingungen ideal für eine Drückjagd auf Hirsch, Reh und Wildschwein. Hunde werden das Wild in Bewegung und den Jägern vor die Büchse bringen. Der Abschussplan ist noch längst nicht erfüllt. Doch der zuständige Revierförster dämpft die Erwartungen. Die Wölfe seien am Tag zuvor durchs Jagdgebiet gezogen, sagt er. Es könne sein, dass sich das Wild schon davongemacht habe. Die Wölfe würden sich spätestens dann verdrücken, wenn sie die Jagdunruhe im Wald spürten. Tatsächlich sind auf dem Weg zu den Jagdständen immer wieder Wolfsfährten zu sehen. Auf einer Wegekreuzung scheint es eine richtige Versammlung gegeben zu haben. Zum ersten Mal hatte in diesem Jahr, wir schreiben 2012, ein Wolfspaar hier in den Wäldern um Munster Junge großgezogen und damit das erste niedersächsische Wolfsrudel etabliert.

Nach der Jagd ist die Überraschung groß. Sowohl das Wild als auch die Wölfe sind noch da gewesen. Die Strecke ist ordentlich. Aber niemand interessiert sich sonderlich für sie. Gesprächsthema sind die Wölfe. Elf Jäger hatten das Glück, sie zu sehen. Sonderlich scheu waren sie nicht. Einem Jäger näherte sich ein Wolf neugierig bis auf wenige Meter. Groß ist die Erleichterung, dass sich alle Hunde wohlbehalten wieder eingefunden haben. Nur mein eigener Hund blieb für Stunden verschwunden. Hatten die Wölfe noch nicht gefrühstückt? In Schweden werden Jahr für Jahr Dutzende Jagdhunde von Wölfen getötet. Das geht einem durch den Kopf, wenn man im Wolfsrevier auf den Hund wartet. Er kam dann doch noch, unversehrt.

Die Erfahrungen auf dieser Jagd gaben Anlass, manches Wolfsklischee zu hinterfragen. Jäger, die den Wolf als Konkurrenten fürchten, behaupten, Wölfe vertrieben das Wild. Wo der Wolf jage, gäbe es für den Menschen nichts mehr zu jagen. Bei der Jagd in Munster zeigte sich, dass Rothirsche, Wölfe und jagende Hunde dieselben Pfade nutzten. Von Panik im Wald war nichts zu spüren.

Mit der Scheu des Wolfes war es aber auch nicht weit her. Bei den niedersächsischen Wölfen scheint die Neugier zu überwiegen. Es waren die drei Halbwüchsigen des Rudels, die einen Bundeswehrsoldaten auf einem Nachtmarsch hartnäckig verfolgten. Sie waren nicht aggressiv, ließen sich aber auch nicht verscheuchen. Als der einsame Soldat endlich auf Kameraden stieß, zogen sich die Wölfe zurück. Eine negative Erfahrung mit Menschen machten sie nicht. Warum sollten sie mit zunehmendem Alter vorsichtiger werden? Es gab Krisensitzungen in Munster. Soll man Soldaten im Wolfsgebiet mit scharfer Munition ausstatten?

So weit wollte am Ende niemand gehen. Aber die Befürchtung, dass Wölfe für Menschen vielleicht doch gefährlich werden können, lässt sich nach immer häufigeren Wolf-Mensch-Begegnungen und im Spiegel der Geschichte nicht mehr einfach als Teil des »Rotkäppchensyndroms« abtun. Auch Naturschutzverbände wie der WWF, die intensiv für die Akzeptanz des Rückkehrers Wolf trommeln, sehen langsam ein, dass man die Frage nach der »Gefährlichkeit« des Wolfes nicht tabuisieren kann. Neben den wundersamen Wolfsküssen, die Frauen verzücken, gehören eben auch Wolfsbisse zu den Realitäten des neuen Wolfszeitalters.

Im Vergleich zu anderen großen Beutegreifern scheint der Wolf in Bezug auf den Menschen allerdings doch ein relativ harmloser Zeitgenosse zu sein. Nicht tollwütige Wölfe lassen sich von erwachsenen Menschen in der Regel in die Flucht schlagen. Bei Bären etwa ist das anders. Der Linnell-Report kommt für das 20. Jahrhundert auf 313 sicher belegte tödliche Attacken von Braunbären auf Menschen in Europa, Asien und Nordamerika. 56 starben außerdem in Nordamerika durch Schwarzbären. Durch Pumas kamen in Nordamerika im selben Zeitraum siebzehn Menschen ums Leben, 72 wurden verletzt. Der Outdoor-Tourismus nimmt zu, weswegen Zwischenfälle mit Bären in jüngerer Zeit häufiger vorkommen. Pumas hingegen tauchen immer öfter in der Nähe menschlicher Siedlungen, ja sogar in Städten auf. Die Grenzen zwischen Wildnis und Zivilisation verschwimmen. Wie belastbar die Angabe Elli Radingers ist, dass außerhalb Amerikas im 20. Jahrhundert 6297 Menschen Tigern, Löwen, Leoparden und Bären zum Opfer gefallen seien, wollen wir einmal dahingestellt sein lassen. Das Zahlenmaterial ist diffus. Und der Wirklichkeit kommt man auf diesem Feld nicht mit Statistiken auf die Spur, sondern indem man die einzelnen Episoden, die besonderen Umstände von Raubtierattacken möglichst genau analysiert. Insgesamt haben die Wölfe an menschlicher Raubtierbeute, gemessen an ihrer Zahl und ihren Fähigkeiten, nur einen geringen Anteil. Gleichwohl können Risikoszenarien beschrieben werden, was die Voraussetzung dafür ist, Angriffe zu verhindern.

Der kanadische Verhaltensforscher Valerius Geist hat ein Eskalationsmodell entwickelt, an dem sich problematisches Verhalten von Wölfen einordnen lässt. Elli Radinger fasst es prägnant zusammen. Der Ärger beginnt mit dem Fehlen natürlicher Beute. Wölfe nähern sich auf der Suche nach Nahrung menschlichen Siedlungen. Nach einiger Zeit tauchen sie dort auch bei Tag auf. Sie werden dreister und stehlen bei Gelegenheit schon einmal ein Huhn. Gegenüber Menschen zeigen sie erstes Drohverhalten wie Knurren und Zähnefletschen. Dann wagen sie sich auch an größere Nutztiere wie Schafe. Bis zur nächsten Stufe darf es eigentlich gar nicht mehr kommen. Menschen werden, zunächst spielerisch, wie andere Beutetiere »angetestet«, eventuell ein kurzes Stück gejagt, und es wird an der Kleidung gezerrt. Noch ziehen sich die Wölfe zurück, wenn der Mensch selbstbewusst auftritt. Irgendwann starten sie den ersten ernst gemeinten Angriff.

Die Autoren des Linnell-Reports nennen als erstes Ziel eines Wolfsmanagements, die Wölfe scheu zu halten. Jeder Wolf, der die Scheu vor dem Menschen verliere, müsse der Population entnommen werden. Eine streng regulierte Jagd auf den Wolf sei ein probates Mittel, die Scheu zu erhalten. Sie vermittle zudem der lokalen Bevölkerung das Gefühl, den Wölfen nicht hilflos ausgeliefert zu sein. Des Weiteren fordern Linnell und seine Mitstreiter, dafür zu sorgen, dass der in Europa gute Bestand an wilden Beutetieren gepflegt und erhalten werden müsse. Managementpläne müssten klare Regeln für den Umgang mit Problemwölfen vorgeben. Und in der Tollwutbekämpfung und -prävention dürfe nicht nachgelassen werden.

Nehmen wir diese Empfehlungen ernst, dann müssen wir unbedingt vermeiden, dass uns die Wölfe für gute Freunde halten. Die meisten Deutschen freuen sich über die Heimkehrer. Aber das darf nicht dazu führen, dass man sie die Spielregeln bestimmen lässt. In unmittelbarer Siedlungsnähe zum Beispiel sollten Wölfe nicht unbehelligt herumlaufen dürfen. Es wäre besser, sie zu verjagen, als sie zu bestaunen. Ob man sie tatsächlich irgendwann auch jagen muss, um sie scheu zu halten, wird sich zeigen. Von allen denkbaren Begründungen für die Wolfsjagd wäre das immerhin diejenige, die am meisten einleuchtet.

Wolf und Hund

Nach Angaben des Industrieverbands Heimtierbedarf geben die Deutschen im Jahr 1,2 Milliarden Euro für Hundefutter aus. Bei geschätzten fünfeinhalb Millionen Hunden sind das mehr als 200 Euro pro Schnauze. In knapp 15 Prozent aller deutschen Haushalte lebt mindestens ein Hund. Im europäischen Vergleich ist das wenig. In Frankreich beträgt der Anteil der Haushalte mit Hund 40, in Belgien 37 Prozent. Hunde gehören zum menschlichen Alltag. Auch wer am liebsten nichts mit ihnen zu tun hat, kommt kaum an ihnen vorbei, und seien es auch nur ihre Hinterlassenschaften in Parks und auf Bürgersteigen. Der Ärger, den das enge Zusammenleben von Menschen und Hunden vor allem in den Großstädten verursacht, ist ebenso ein ständiges Thema der Medien wie die emotionale Innigkeit, die sich im Verhältnis von *Homo sapiens* und *Canis familiaris* immer wieder zeigt. Es gibt kein Haustier, das die Menschen so sehr als »Artgenossen« betrachten wie den Hund.

Das beruht auf Gegenseitigkeit. Mensch und Hund verstehen sich. Nur zwischen ihnen scheint die Barriere der Fremdheit überwunden zu sein, die jeder spürt, der sich mit Tieren, insbesondere mit gezähmten Wildtieren, intensiv beschäftigt. Löwen, Tiger und Bären im Zirkus führen zwar die Kunststücke vor, die der Dompteur ihnen beigebracht hat. Aber sie leben offensichtlich in ihrer eigenen Welt. Das Spezifische des Hundes, das, was im Wortsinn seine Art ausmacht, ist seine vollständige Anpassung an die menschliche Gesellschaft, die nicht nur sein physisches Überleben sichert, sondern auch sein Verhalten und seine Kommunikationsweisen prägt. Umgekehrt kann man den Hund als erste Kulturleistung des modernen Menschen betrachten. Kulturelle und biologische Evolution verschränken sich in der Urszene dieser ersten Domestikation.

Schon die Väter der modernen Biologie hatten eine Ahnung davon. Vor 270 Jahren schrieb der Graf von Buffon, Direktor des Königlichen Botanischen Gartens in Paris, mit dem Hund habe sich der Mensch »eine Partei unter den Tieren gesichert«. Die »erste Kunst« des Menschen »war also die Abrichtung des Hundes; die glückliche Folge dieser Kunst aber war die Eroberung und der ruhige Besitz des ganzen Erdbodens«.

Wie und wann aber kamen Mensch und Hund zusammen? Und wo kam der Hund her? Dass es dabei mit dem Wolf eine besondere Bewandtnis haben müsse, ahnten die Alten, wollten am Ende aber doch nicht glauben, dass vom Schoßhund bis zum Bullenbeißer die ganze kläffende und schwanzwedelnde Gesellschaft nur auf ihn zurückgeht. Buffon nahm als Stammvater einen nun ausgestorbenen »Urhund« an. Zu unterschiedlich erschienen ihm die Charaktere von Hund und Wolf. Allerdings kamen ihm nach Kreuzungsversuchen Zweifel. Er erkannte, dass die beiden einer »Gattung und Art« angehören mussten. Ende des 18. Jahrhunderts rief der deutsche Naturforscher Johann Anton Güldenstädt den Goldschakal als Stammvater des Hundes aus. Zur selben Zeit veröffentlichte Peter Simon Pallas seine Ansicht, dass Fuchs, Wolf, Schakal und Hyäne zu den Ahnen gehörten. Auch Charles Darwin, dem eine lineare Rückführung des Hundes auf den Wolf gut in seine Evolutionstheorie gepasst hätte, konnte sich nicht vorstellen, dass der Wolf Stammvater von »Windspiel, Schweißhund, Pinscher, Jagdhund und Bullenbeißer« sein soll. Und so ging das muntere Herkunftsraten weiter. Noch Konrad Lorenz behauptete in seinem 1950 erschienen Best- und Allzeitseller *So kam der Mensch auf den Hund*, dass die Mehrzahl der Hunde vom Goldschakal abstamme. Später änderte er seine Ansicht und meinte nur lakonisch: »Ja, wenn ich mir die Viecher doch angesehen hätte.«

Zumindest was die Abstammungsfrage angeht, herrscht heute Klarheit. Der Wolf ist der Stammvater der Hunde – und nur er. Noch nicht eindeutig geklärt ist allerdings, wann, wo und wie genau der Haushund einst aus dem Wolf hervorging. Fast wöchentlich werden neue Ergebnisse genetischer Untersuchungen veröffentlicht. Mal wird die Wiege des Hundes in China, mal in Europa verortet. Immer deutlicher wird allerdings, dass die Verwandlung des Wolfs in den Hund nicht erst mit der Sesshaftwerdung der Menschen und den ersten Bauern ihren Anfang nahm, sondern dass die frühesten Haushunde bereits mit Jägern und Sammlern durch die Steppe streiften. Diese Hypothese wird nun auch von Genanalysen unterstützt, über die ein internationales Forscherteam im Fachblatt *PLoS Genetics* Anfang 2014 berichtete. (Wir halten uns hier an eine Zusammenfassung dieser Forschungsergebnisse, die von der Nachrichtenagentur »Wissenschaft aktuell« verbreitet wurde.) Vermutlich trennten sich die Abstammungslinien von Wolf und Hund schon vor etwa 11 000 bis 16 000 Jahren, andere Untersuchungen datieren diese Spaltung sogar bis zu 32 000 Jahre zurück. Deutlich wird, dass die Abstammungs- und Verwandtschaftsverhältnisse komplexer waren, als man bisher angenommen hat. Es lässt sich auch nicht eindeutig bestimmen, ob die Domestikation an einem bestimmten Ort oder an mehreren Orten begann. Die Forscher, die ihre Ergebnisse in *PLoS Genetics* veröffentlichten, hatten genetisches Material von drei Wölfen sequenziert, die aus China, Kroatien und Israel stammten – und damit aus Gegenden, die als Ursprung des Haushundes infrage kommen könnten. Ebenso analysierten sie das Erbgut von zwei sehr urtümlichen Hunderassen, Basenji und Dingo. Diese stammen aus Zentralafrika beziehungsweise Australien und sind von heute lebenden Wolfspopulationen schon lange abgeschnitten. Außerdem bezogen die Genetiker bereits bestehende Erbgutanalysen eines europäischen Boxerhundes in ihre Untersuchungen mit ein. Als weiterer Vergleich diente ihnen das Erbgut eines Goldschakals, der innerhalb der Familie der Hunde einen Außenseiter zu Wölfen und Haushunden darstellt.

Am nächsten miteinander verwandt sind die Haushundrassen. Doch keine der Wolfslinien aus den möglichen Ursprungszentren kann als Ursprungspopulation für Hunde angesprochen werden. Auch die Wölfe aus den unterschiedlichen Regionen sind untereinander näher verwandt als mit den Haushunden. Es scheint eher so, als stammten die Haushunde von einer Wolfslinie ab, die es heute nicht mehr gibt. Auf der anderen Seite zeigen die Analysen, dass der Austausch genetischen Materials zwischen den Vertretern der Familie der Hunde (Canidae), also auch zwischen Wölfen und Haushunden, weiter verbreitet ist als bislang angenommen. Dies könnte eine zentrale Rolle dabei gespielt haben, wie sich die unterschiedlichen Hundetypen auseinanderentwickelten.

Erst die moderne Molekularbiologie in Verbindung mit der weltumspannenden Kommunikationsrevolution konnte so tief in die verwickelte Geschichte von Wolf, Hund und Mensch eindringen. Zwar war schon vor dreißig Jahren, vor allem durch die Forschungen des Kieler Instituts für Haustierkunde, an dem auch Zimen arbeitete, die alleinige Stammvaterschaft des Wolfes als wahrscheinlichste Theorie erarbeitet worden. Zimen fasste die Ergebnisse dieser Arbeiten in seiner Monografie *Der Hund* zusammen, auf die wir uns hier wesentlich stützen. Letzte Sicherheit hatten Anatomie, Physiologie und vergleichende Verhaltensforschung in der Abstammungsfrage allerdings nicht bringen können. Das schaffte erst kurz vor der Jahrtausendwende die Molekularbiologie. In seinem spannenden Wissenschaftsreport *Die einzigartige Intelligenz der Hunde* beschreibt Alwin Schönberger diesen Durchbruch. Einem internationalen Forschungsnetzwerk um die Genetiker Carles Vilà und Peter Savolainen gelang es mit der Mitochondrienanalyse, die »molekulare Uhr« zu lesen. Mitochondrien sind allein in der Mutterlinie vererbte Zellbestandteile. Sie enthalten, verglichen mit dem gesamten Genom, nur wenige Erbinformationen, die aber besonders oft Mutationen unterworfen sind. Die molekulare Uhr tickt hier also besonders schnell und laut, die genetischen Spuren sind besonders dicht. Diese Spuren führen zu wölfischen Müttern.

Es gibt kein Säugetier, das so vielgestaltig ist wie der Hund. Normalerweise braucht die Evolution Jahrmillionen für solche Wandlungen der Gestalt von Organismen. Die ältesten Hundefossilien sind etwa 15 000 Jahre alt. Schon diese Tiere unterschieden sich deutlich von Wölfen, waren kleiner, hatten kürzere Schnauzen und einen stärker ausgeprägten »Stopp« zwischen Fang und Stirnpartie. Vielleicht lebten Hunde damals schon seit einigen tausend oder zehntausend Jahren mit Menschen zusammen. Naturgeschichtlich wäre das immer noch ein kurzer Zeitraum. Die Differenzierung der Hunderassen in die Grundtypen, die wir heute kennen, hat sich sicherlich in noch viel kürzerer Zeit abgespielt. Eine moderne Hundezucht mit klaren Rassestandards gibt es überhaupt erst seit dem 19. Jahrhundert.

Domestikation ist offenbar ein Vorgang, der sich sozusagen über Nacht abspielen kann. Ein Domestikationsexperiment unter extremer Beschleunigung führte vor sechzig Jahren der russische Genetiker Dimitri Beljajew in einer sibirischen Fuchspelzfarm durch. Die frappierenden Ergebnisse dieses Experiments sind in der modernen Hundeliteratur vielfach beschrieben. Beljajew wollte klären, ob die sich auch nach Generationen in Gefangenschaft wie Wildtiere verhaltenden Silberfüchse nachhaltig zu zähmen seien. Das würde die Arbeit in der Farm ungemein erleichtern. Er verpaarte nur die wenigen Individuen miteinander, die nicht scheu und aggressiv dem Menschen gegenüber waren. Nach wenigen Generationen traten erstaunliche Veränderungen ein. Die Füchse bekamen Hängeohren, wedelten mit dem Schwanz, wurden, wie Hunde, zweimal im Jahr läufig und begannen zu bellen. Im Jahr 2004 erinnerte sich der amerikanische Anthropologe Brian Hare an diese Experimente und fuhr ebenfalls nach Sibirien, um das Verhalten der Nachkommen der Beljajew'schen Füchse genauer zu erforschen. Durch verschiedene Tests fand er heraus, dass die Fuchswelpen im selben Maße in der Lage waren, menschliche Kommunikationssignale zu verstehen, wie junge Hunde.

Die sibirische Fuchsfarm bietet also einen tiefen Blick in die biologisch-kulturelle Evolution des Mensch-Hund-Gespanns. Selektiert waren die Füchse ja nur unter dem Gesichtspunkt der Zutraulichkeit. Man wollte Ruhe in den Käfigen, keine Haustiere zum Zeitvertreib, keine vierbeinigen Freunde, die mit ihrem »Herrchen« interagieren. Die auf den Menschen ausgerichteten mentalen Fähigkeiten der Füchse – etwa das richtige Interpretieren von Blicken und Gesten, wenn es darum geht, Futter zu finden – entwickelten sich von selbst, nicht durch bewusste Züchtung.

So wird es auch bei jenen Wölfen gewesen sein, welche die Nähe menschlicher Sippen und ihrer Lager suchten, sich von Abfällen nährten und oftmals auch selbst verspeist wurden. Man kann sich vorstellen, dass die Wölfe, die den Vorteil »erkannten«, den die unmittelbare Nachbarschaft zu menschlichen Lagern oder Siedlungen für sie bedeutete, sich von der übrigen Wolfspopulation nach und nach absonderten und schließlich genetisch abspalteten. Das alles geschah ohne bewusste »Züchtung« in einer Art »Selbstdomestikation«. Immer wieder wird es aber auch vorgekommen sein, dass Wolfswelpen von laktierenden Menschenfrauen direkt in menschlicher Gemeinschaft aufgezogen und auf den Menschen als Sozialpartner geprägt wurden, auch dies, ohne dass eine bestimmte Absicht dahinterstand. Das Kindchenschema tat einfach seine Wirkung.

Vielleicht lässt sich die »Hundwerdung« des Wolfes in zwei große Etappen einteilen. Zunächst, noch vor der Sesshaftwerdung des Menschen, könnte ein den australischen Dingos ähnlicher, noch sehr selbstständiger Hundetyp entstanden sein. Man findet solche Hunde heutzutage als sogenannte Pariahunde in Indien, im pazifischen Raum oder in Afrika. Sie folgten im losen Verband den nomadischen Jägern und Sammlern. Noch heute kann man das bei Dingos und ursprünglich lebenden australischen Ureinwohnern beobachten. Im Zuge der neolithischen Revolution wird es dann zu einem verstärkten »züchterischen« Einfluss des Menschen auf die Hunde gekommen sein. Für unterschiedliche Zwecke entstanden unterschiedliche Hundetypen, die man allerdings mit unseren modernen Hunderassen nicht gleichsetzen darf.

Grundlage für diese immer stärkere Anpassung der Hunde war, dass schon die Wolf-Hund-Kumpane der frühen Menschen kommunikative Fähigkeiten über die Artgrenze hinweg entwickelten, über die noch nicht einmal die am höchsten entwickelten Primaten, unsere biologisch nächsten Verwandten, verfügen. Hunde können sich in Menschen hineinversetzen, sie verstehen die menschliche Gestik und Mimik besser als Schimpansen, und sie haben mit dem Bellen ein Ausdrucksmittel entwickelt, das vor allem der Kommunikation mit dem Menschen dient und übrigens auch von den meisten Menschen intuitiv verstanden wird. Für einen Laien ist es schwer, die Stimmungslage eines Wolfes zu erfassen. In Bezug auf Hunde gehört das zu den grundlegenden Sozialkompetenzen – oder sollte es gehören.

Bleibt noch die Frage, ob es ein Zufall war, dass Mensch und Wolf sich zusammengetan haben, ob wir also genauso gut mit domestizierten Füchsen oder Waschbären unser Leben teilen könnten. Die Frage muss mit einem klaren Nein beantwortet werden. Mensch und Wolf hatten sich gegenseitig so viel zu bieten wie keine andere denkbare Paarung. Vor allem jagten sie dieselben Beutetiere, als

Konkurrenten, aber doch auch in einer sich natürlich ergebenden Kooperation. Beide konnten sich zwar von allem Möglichen ernähren, zur Not auch von Würmern, Käfern und Beeren. Aber nicht nur im Grunde ihres Herzens, sondern nach ihrer gesamten Verhaltensausstattung, nach ihrer sozialen Organisation und ihrem Platz im Ökosystem waren sie Jäger großer Huftiere. Sie folgten den großen Herden der Rentiere und Wildpferde über die Tundra, sie beschlichen Auerochse und Wisent in Wäldern und Sümpfen, wilde Schafe und Ziegen im steilen Gebirge. Das waren ihre Königsdisziplinen. Das war der Boden ihres beispiellosen gemeinsamen evolutionsgeschichtlichen Erfolgs, der sie zur Weltherrschaft führte.

Es kann sein, dass Mensch und Wolf bei der Jagd so erfolgreich waren, dass sie ihre eigene Nahrungsgrundlage gefährdeten. Diese ökologische Katastrophe wäre dann der Anstoß für den größten kulturellen Qualitätssprung aller bisherigen Geschichte gewesen: die neolithische Revolution. Aus Jägern wurden Ackerbauern und Viehzüchter. Und die Wölfe begannen in Gestalt nunmehr domestizierter Hunde, Schafe zu hüten. Die Rückkehr der Wölfe aktiviert diese kulturgeschichtliche Fernerinnerung. Die uralte Geschichte von Wolf, Mensch und Hund, sie ist noch nicht zu Ende. Viele Menschen fühlen sich davon im Innersten angesprochen und aufgewühlt. Anderen scheint das gleichgültig zu sein. Aber an der Erkenntnis, dass wir als Menschen nie ohne Wölfe oder Hunde waren, seit wir vor 80 000 Jahren Afrika verließen, kommt niemand vorbei. Die Begegnung von Mensch und Wolf erwies sich als kulturstiftend in einem ganz elementaren Sinn.

Neben der Genetik hat in jüngster Zeit vor allem die Verhaltensbiologie das Wissen um jenes »magische Dreieck« (Kurt Kotrschal) Mensch–Wolf–Hund gewaltig erweitert. Seitdem die Telemetrie, die Beobachtung einzelner Individuen durch Funksignale über längere Zeiträume hinweg, systematische Freilandstudien an Wölfen erlaubt, hat sich das Bild, das sich die Zoologie von dieser Art macht, grundlegend verändert. Die neuen Erkenntnisse stellen Ansichten, die man aus der Arbeit mit Gehegewölfen gewonnen hatte, zum Teil auf den Kopf. Insbesondere das Bild von der strengen Hierarchie im wölfischen Sozialverband hat sich aufgelöst. Es gibt zwar Alphatiere. Aber die dominieren das Rudel keineswegs mit Härte und Gewalt. Zusammenhalt wird durch Kooperation, Zuwendung und eine auch für sozial lebende Tiere ungewöhnliche Freundlichkeit untereinander erzeugt, der allerdings eine strenge Territorialität und eine geradezu xenophobische Aggressivität gegen fremde Artgenossen gegenüberstehen.

Einer der wichtigsten Mortalitätsfaktoren gerade für junge männliche Wölfe sind regelrechte Grenzkriege mit benachbarten Rudeln. Es gibt für einen jungen Wolf nichts Gefährlicheres, als sich auf die lange Wanderung durch fremde Territorien zu machen, um ein eigenes zu finden. Die Wolfsgesellschaft weist also ausgesprochen »menschliche« Züge auf. Wölfisches Verhalten kommt uns vertraut vor. Wolf und Mensch leben in nach innen solidarischen, nach außen aggressiven »Kriegergesell-schaften«. Doch während früher die Wissenschaft diesem »Vertrauten« mit äußerstem Misstrauen begegnete und vor einer »Vermenschlichung« des tierischen Studienob-jektes warnte, sehen Biologen und Anthropologen heute in dieser Nähe zwischen Mensch und Wolf einen Schlüs-sel zum Verständnis der Anfänge menschlicher Kultur. Angesichts der Bedeutung, die das Zusammenleben mit Hunden gerade heute hat, stehen die populärwissen-schaftlichen Rezeptionspforten für solche Forschungen offen.

»Wir wurden«, schreibt der österreichische Verhaltens-biologe Kurt Kotrschal, »in Gemeinschaft mit Tieren, be-sonders aber mit Wölfen und Hunden, zu modernen Menschen. Das ist zu berücksichtigen, wenn wir uns selbst verstehen wollen. Das System Wolf–Mensch–Hund bildet eine uralte Beziehungskiste, dynamisch moduliert über Raum, Zeit und Kulturen in Koexistenz und Gegner-schaft, Liebe und Hass, Nähe und Distanz. In gewisser Weise war diese Beziehungskiste immer auch eine Schick-salsgemeinschaft.«

Kotrschal ist Mitbegründer des Wolfsforschungszen-trums im niederösterreichischen Ernstbrunn, der welt-weit größten Einrichtung seiner Art. An gleichartig mit der Flasche aufgezogenen Wölfen und Hunden wird hier untersucht, was es mit der verblüffenden Fähigkeit des Primaten Mensch und des Caniden Wolf auf sich hat, sich gegenseitig zu verstehen, und wie es schließlich zu jener symbiotischen Koexistenz kam, die im Hund ihren Ausdruck findet. Diese erste Domestikation ist lange als eine Art Gewaltakt und Unterwerfung beschrieben worden. Der Mensch »zähmte« die wilde Bestie und machte sie sich dienstbar.

Jetzt folgt die Forschung der Leitidee der Koevolution zweier Arten und versteht Domestikation als Anpassung einer Art an ein Leben mit dem Menschen. Konrad Lorenz verstand die »Haustierwerdung« noch als einen Verlust an Wildheit, Ursprünglichkeit und Lebenskraft und sprach bei Gelegenheit auch von der »Verhausschweinung« des Menschen. Biologen wie Kotrschal sehen heute in der Domestikation eher so etwas wie einen klugen Schachzug der Evolution. Als Hund jedenfalls ist der Wolf seines Überlebens als Gattung sicher, solange es Menschen gibt. Er teilt dieses Glück mit Pferden, Rindern, Schafen, Ziegen, Schweinen, Hühnern und Gänsen und vielerlei sonstigem Getier, das von *Homo sapiens* in vielfältiger Weise genutzt wird und ihn gleichzeitig benutzt als Vektor, als Transportmittel, um sich über die ganze Welt zu verbreiten. Es gibt Tierfreunde, die im Nutztier nur die vom Menschen geknechtete Kreatur zu erkennen vermögen. Die nüchterne Bilanz der Evolutionsgeschichte erschließt sich ihnen nicht.

Die Ökonomie der Gene nimmt dem Beziehungsdrama zwischen Wolf, Hund und Mensch nichts von seiner Spannung. Ebenso wenig verschwindet ja auch die elementare Leidenschaft aus dem Akt des Beuteschlagens, wenn man ihn in die Stoffwechselbilanz eines Ökosystems einordnet. Wolf, Hund und Mensch bilden zwar ein hoch effizientes biologisches »System«, aber untereinander haben sie doch Konflikte auszutragen, die an antike Tragödien gemahnen. Im »Rotkäppchen« steckt die Urerzählung vom »bösen Wolf«, der die sittliche Ordnung bedroht und deshalb besiegt werden muss. Sie wirkt bis heute, aber sie steht im Widerstreit mit einer ebenso mächtigen Gegenerzählung, die nicht um Mädchen mit roten Mützen, Großmütter, Kuchen und Wein geht, sondern um Männer mit Pelzmützen, Schlittenhunde und den unwiderstehlichen Lockruf der nördlichen Wildnis. Jack London ist ihr Meistererzähler. Er wurde dem deutschen Lesepublikum übrigens durch den »Heidedichter« Hermann Löns bekannt gemacht, der ein gutes Gespür für die Kraft dieses Autors hatte und ihn seinem Verlag, Sponholtz in Hameln, empfahl, wo *Ruf der Wildnis* 1903 in der Übersetzung von Lisa Hausmann, Löns' Ehefrau, erschien.

Ruf der Wildnis handelt von der Rückkehr eines Hundes aus der Zivilisation in die Wildnis der Wölfe. Erzählt wird also die Geschichte einer Entdomestikation. Der Hund Buck, ein Mischling aus Bernhardiner und Schottischem Schäferhund, lebt wohlbehütet auf dem großzügigen Anwesen eines Richters in Kalifornien, bis dessen Gärtner ihn entführt und an Hundehändler verkauft, um seine Spielschulden zu begleichen. Am Klondike hoch im Norden ist Gold gefunden worden. Schlittenhunde werden gebraucht. Und von verschiedenen grausamen Besitzern als Zugtier geschunden zu werden ist das Schicksal, das auf Buck wartet. Nur sein letzter Besitzer ist gut zu ihm. Buck ist ihm in bedingungsloser Treue ergeben. Als dieser Mann stirbt, schließt sich Buck einem wilden Wolfsrudel an. London gestaltet diese Szene der Begegnung des Hundes mit seinen Vorfahren als Apotheose einer Selbstfindung: »Dann trat ein hagerer alter Wolf mit vielen Narben vor. Buck krümmte die Lippen, als wolle er knurren, ließ ihn aber doch an sich schnuppern. Woraufhin sich der alte Wolf hinsetzte, die Schnauze zum Mond richtete und in ein langes Wolfsgeheul ausbrach. Auch die anderen setzten sich und heulten. Der Ruf erreichte Buck nun mit unmissverständlicher Klarheit. Auch er setzte sich und heulte. Dann kam er aus seinem Winkel heraus, und das Rudel umringte ihn und beschnupperte ihn halb wild und halb freundlich. Die Anführer erhoben den Jagdruf des Rudels und sprangen davon in den Wald. Die anderen Wölfe folgten und heulten im Chor. Und Buck schloss sich an, Seite an Seite mit seinem wilden Bruder, und jaulte beim Laufen.«

Drei Jahre nach *Ruf der Wildnis* schrieb Jack London mit *Wolfsblut* die Umkehrung dieser Geschichte. White Fang, der Held dieser Erzählung, ein Wolfs-Hund-Mischling, wird in einem Wolfsrudel, dann in einem Indianerlager groß, bis er an Leute verkauft wird, die ihn in Hundekämpfen einsetzen. Aus dieser entsetzlichen Lage befreit ihn ein Mann, der ihn schließlich aus dem Norden nach Kalifornien mitnimmt, wo White Fang die Annehmlichkeiten einer behüteten Existenz als Familienhund genießt. Rein in die Wildnis, raus aus der Wildnis – der Hund Buck kappt alle Verbindungen zum Menschen und wird in der Gesellschaft von Wölfen zum Herrn seiner selbst und zum »vollwertigen« Tier. Der Wolfsmischling White Fang findet sein Glück in der engen Verbundenheit mit einem aufrichtigen Menschen. Man sieht, welch gegensätzliche Wege Caniden bei ihrer Selbstverwirklichung einschlagen können. Wenn sich diese Wege kreuzen, kann es gefährlich werden. Womöglich hätte der zivilisierte Wolfsmischling White Fang im wieder wölfisch gewordenen Haushund Buck einen Todfeind gesehen und umgekehrt, wenn der Autor der beiden ihnen eine Begegnung ermöglicht hätte. Das wäre dann ein vollendeter Rollentausch zwischen Hund und Wolf gewesen.

Wenn wir die Sphäre der Literatur verlassen und danach fragen, wo und wie sich Wölfe und Hunde in der Wirklichkeit begegnen, müssen wir noch einmal auf die Schäferei und auf die Jagd zu sprechen kommen. Bei der Herde und bei der Jagd sind Wolf-Hund-Begegnungen nicht nur Zufall und gelegentliche Episode, sondern sozusagen systematisch programmiert.

Wir beginnen mit einem Paradox: Wer wölfisches Jagdverhalten studieren will, der muss Hütehunde bei der Arbeit an den Schafen beobachten. Wie zum Beispiel ein Border Collie eine Gruppe Schafe in einen Pferch treibt, wie er einzelne Tiere absondert oder sie zur Herde zurückbringt, wie er mit strategischem Verstand das Verhalten seiner »Beute« kalkuliert, wie er sie allein durch seinen Blick in Schach hält, das ist wölfisches Jagdverhalten in Reinkultur. Nur der letzte Abschnitt dieser Jagdsequenzen, das Töten, fehlt bei ihm – wenn er denn ordentlich eingearbeitet ist. Es kann schon passieren, dass junge, stürmische Collies ein Schaf niederreißen.

Der erste Nutzen, den die noch nomadisch lebenden Jäger und Sammler aus zahmen Wölfen beziehungsweise frühen Hunden zogen, war, neben ihrer Funktion als Nahrungsreserve, sicher das Bewachen des Lagers. Als territoriale Tiere warnen Wölfe und Hunde vor herannahenden fremden Tieren oder Menschen. Man muss ihnen das nicht beibringen. Es ist keine Vergewaltigung seiner Natur, wenn der Wolf zum Wachhund mutiert. Und auch als aus Jägern Hirten wurden, musste den Hunden ihr wölfisches Wesen nicht ausgetrieben werden. Denn Hüten ist nichts anderes als Jagen an der Herde, ohne zu töten. Es spricht vieles dafür, dass der Border Collie, der auf dem Bauch an eine Gruppe Schafe herankriecht, die er dem Hirten zutreiben soll, sich »wölfischer« fühlt als ein stöbernder Jagdhund, der laut bellend der frischen Spur eines Hasen folgt und damit ein Verhalten an den Tag legt, das den Geboten der Jagd- und Energieeffizienz hohnspricht. Nur der menschliche Jäger mit der Flinte hat etwas davon.

In dem weitgehend wolfsfreien Jahrhundert, das in Mitteleuropa nun zu Ende gegangen ist, machte den Hütehunden kein anderer Hund den Rang an der Herde streitig. Mit der Rückkehr der Wölfe hat sich das geändert. Die kleinen, wendigen, flinken Gesellen werden zwar auch mit dem störrischsten Schafbock fertig. Als Wächter und Beschützer der Herde eignen sie sich weniger. Und schon gar nicht stellen sie für Wölfe, die sich an

Schafen vergreifen wollen, ernsthafte Gegner dar. Will man Herdenschutz mit den Mitteln der Abschreckung betreiben, braucht man andere Hunde. Vor zwanzig Jahren wusste bei uns kaum jemand, was ein Herdenschutzhund ist und wie er sich von einem Hütehund unterscheidet. Das hat sich gründlich geändert. Zwar herrscht in der immer umfangreicher werdenden Berichterstattung der Medien über Wölfe und Herdenschutz oft noch ein munteres terminologisches Durcheinander um Hüte-, Hirten- und Herdenschutzhunde. Doch langsam spricht es sich herum, dass es da, sozusagen seit Urzeiten, Hunde gebe, die in den Herden aufwachsen und leben und sie zuverlässig gegen Wölfe und andere Räuber verteidigen, und zwar in den meisten Fällen durch ihre bloße Anwesenheit und ihr drohendes Bellen.

Manche Wolfsfreunde glauben, man müsse sich nur auf diese Hunde besinnen, um den Konflikt zwischen Wolf und Weidewirtschaft zu lösen. Und weil es sich bei den Herdenschutzhunden um schöne, große, eindrucksvolle Vertreter ihrer Art handelt, hat sich fern von allen Schafskoppeln längst eine Herdenschutzhundszene gebildet. Die meisten bei uns gehaltenen Pyrenäenberghunde, Maremmani Abbruzese, Kuvasz, Owtscharkas, Kangals, Akbashs, Estrelas, Alentejos oder Laboreiros haben nie im Leben ein Schaf, geschweige denn einen Wolf gesehen. Es gibt mehrere Vereine, die sich um Herdenschutzhunde in Not kümmern, was offenbar ziemlich oft nötig ist, weil ein Hund, der eigentlich dafür gemacht ist, sagen wir im Kaukasus Herden gegen Wölfe und Bären zu verteidigen, in einem Reihenhaus in Recklinghausen nicht unbedingt ein artgerechtes Leben führen kann. Der Drang mancher Hundefreunde, sich vom Retriever-Pudel-Mops-Einerlei abzuheben und etwas »echt Ursprüngliches« an die Leine zu bekommen, kann fatale Folgen zeitigen.

Zur Verbesserung des Herdenschutzes trägt die Herdenschutzhund-Liebhaberei nicht das Geringste bei. Schäfereibetriebe, die auch auf diese Methode des Herdenschutzes setzen, haben immer noch Schwierigkeiten, brauchbare Hunde zu finden. In Deutschland, Frankreich und der Schweiz kommen vor allem die Rassen aus den Pyrenäen und den Abruzzen zum Einsatz. Der Pyrenäenberghund ist etwas größer und schwerer als der Maremmano Abruzzese, beide tragen ein meist rein weißes bis cremefarbiges, zottiges Fell, mit dem sie in einer Schafherde nicht auffallen. Sie werden, nicht nur in ihren Heimatländern, auch als Familienhunde oder Hofhunde gehalten. Es kommt nun darauf an, jene Arbeitslinien zu finden und fortzuentwickeln, aus denen Hunde hervorgehen, welche die für den Herdenschutz unter mitteleuropäischen Bedingungen notwendigen Eigenschaften besitzen.

Dieses Anforderungsprofil ist züchterisch nahezu irreal. Die Hunde sollen selbstbewusst und notfalls auch aggressiv genug sein, um Wölfe abzuschrecken und abzuwehren. Andererseits soll von ihnen für Wanderer, Fahrradfahrer und andere Freizeit-Naturnutzer keine Gefahr ausgehen. In der Lausitz sind, wie wir gesehen haben, trotz steigender Wolfszahlen die Schäden durch Wolfsrisse zurückgegangen. Das ist sicher auch auf den Einsatz von Herdenschutzhunden zurückzuführen. Ob der auf Dauer auch in Regionen akzeptiert wird, die touristisch viel stärker genutzt sind, muss sich erst noch erweisen. Viel Aufklärung über das richtige Verhalten bei Begegnungen mit diesen Hunden ist nötig. Bergwanderer können gezwungen sein, ihre Routen zu ändern, um Schafherden großräumig zu umgehen. Dem Rat, den eigenen Hund zu Hause zu lassen, werden viele nur ungern folgen. Wenn aber der Wolf überall heimisch werden soll, dann muss hingenommen werden, dass auch sein archaischer hündischer Gegenspieler die Szenerie wieder betritt, der Wolf im Schafspelz, der die Seiten gewechselt hat. Diese beiden tragen ihre Händel meist im Dunkel der Nacht aus. Am Morgen zeigt sich, wer die Oberhand behalten hat.

Auch beim Zusammentreffen von Wölfen und Jagdhunden gibt es selten Zeugen. Nach der Schadensfallstatistik der Versicherungsgesellschaft Agria, bei der 40 Prozent der schwedischen Jagdhunde versichert sind, kam es 2011 zu 14, 2010 zu 16 und 2009 zu 23 Schadensfällen mit Wölfen, bei denen Hunde getötet oder verletzt wurden. Die Gesamtzahl der Fälle liegt entsprechend höher. Genau bekannt ist sie nicht. Die Agria-Statistik zeigt auch, dass die Zahl der Schadensfälle durch Wildschweine gerade in jüngster Zeit sprunghaft auf ein Vielfaches derer mit Wölfen gestiegen ist. Daran kann man erkennen, wie stürmisch sich die Ausbreitung des Schwarzwilds in Skandinavien vollzieht.

Weil in Schweden die meisten Jagdhunde gleichzeitig auch Familienhunde sind, haben Wolfsangriffe auf Hunde die öffentliche Meinung und Stimmung zu den Wölfen stärker negativ beeinflusst als durch Wölfe verursachte Schäden bei Viehhaltern. Da hilft auch der Verweis auf die objektiv größere Gefährlichkeit der Wildschweine nichts. Die Elchjagdsaison in Schweden dauert nur wenige Herbstwochen, in denen viele Städter und mit ihnen ihre Hunde zu Waldläufern werden. Weit verbreitet ist die Elchjagd mit dem Loshund. Der Hund, meist ein Vertreter der Rassen Elchhund, Jämthund oder Laika, sucht das Jagdgebiet weiträumig nach Elchfährten ab und folgt einer frischen Fährte, bis er sich an den Elch herangearbeitet hat und ihn stellen kann. Sein »Standlaut« ruft den Jäger herbei. Heute tragen die meisten Hunde GPS-Sender, die ein genaues Bewegungsprofil übermitteln. Sind Wölfe im Revier, bleibt ihnen der jagende Hund nicht verborgen. Sie betrachten ihn als einen Artgenossen, der in ihr Territorium eingedrungen ist. In diesem Territorialverhalten ist der Hauptgrund für Wolfsangriffe auf Jagdhunde zu suchen. Weniger wahrscheinlich erscheint es, dass Wölfe Jagd auf die Hunde machen, sie also als Beute betrachten, oder dass es zwischen Wölfen und Hunden Streit um die Beute, also den Elch, gibt.

Ausschließen kann man beutemotivierte Angriffe allerdings nicht. Ein spektakulärer Vorfall vom Frühjahr 2011 erregte nicht nur in Schweden die Gemüter nachhaltig. In einer ländlichen Gegend nordöstlich von Stockholm ging eine Frau mit ihrem Kind im Kinderwagen und einem Deutschen Wachtelhund spazieren, als sich ihr zwei Wölfe näherten. Einer der beiden schnappte sich den nicht angeleinten Hund und verschwand mit ihm im Wald. Der andere näherte sich der Frau und dem Kinderwagen, die das Richtige tat: Laut schreiend und mit den Armen fuchtelnd, gelang es ihr, den Wolf in die Flucht zu schlagen. Die Reste des Hundes fand man einige hundert Meter vom Ort des Geschehens.

Das Detail, dass es sich bei dem von den Wölfen weitgehend aufgefressenen Hund um einen Deutschen Wachtelhund handelte, ist für mich insofern von besonderem Interesse, als auch mein eigener Jagdhund Viko dieser Stöberhundrasse angehört. Einerseits freut es mich natürlich, dass diese wunderbaren Hunde in Schweden immer mehr Anhänger gewinnen, weil Bewegungsjagden auf Schwarzwild, also Jagden, bei denen Hunde das Wild in Bewegung bringen, ohne sie kaum denkbar sind. Andererseits denke ich mit Bangen daran, dass Viko und ich auch in deutschen Wolfsgebieten an vielen solcher Jagden beteiligt sind. In Deutschland gibt es bis jetzt nur einen gesicherten Fall eines durch Wölfe getöteten Jagdhundes. Der Terrier eines Bundesförsters in der Lausitz war das Opfer. Allerdings passierte das nicht bei einer Jagd. Der Hund bekam während eines Revierganges offenbar die Witterung einer läufigen Wölfin in die Nase und ließ sich davon in die Nähe des Rudels locken, das mit dem Eindringling kurzen Prozess machte. Der Förster hörte seinen Hund klagen, der Rüde kam auch noch zu ihm zurück, doch überlebte er seine Verletzungen nicht.

Viko ist ein »Weitjäger«, das heißt, er ist am Ende der Jagd selten bei mir zurück. Er lässt sich irgendwo von einem anderen Jäger aufsammeln und zum Sammelplatz bringen. Bisher hatte ich noch nach jeder Jagd meinen Hund abends wieder. Trotzdem schaffte ich mir vor einiger Zeit ein Hundeortungsgerät an, sodass ich jetzt wenigstens weiß, wo Viko sich aufhält, wenn er weg ist. Das Angebot war günstig, ich konnte es nicht ausschlagen: ein kaum gebrauchtes Gerät für die Hälfte des Neupreises. Und für ein Jahr war die Funklizenz schon bezahlt. Da überwand ich dann doch meine Skepsis gegen allzu viel Technik bei der Jagd, zumal mir versichert wurde, dass die Bedienung dieses Gerätes kinderleicht sei. Man legt dem Hund ein mit einem Sender versehenes Halsband um. Die gesendeten GPS-Daten empfängt man mit einem Empfangsgerät, das aussieht wie ein altertümliches Handy mit dicker Antenne. Das Display zeigt entweder eine Geländekarte, auf der das Hundesymbol herumwuselt, oder nur einen Richtungspfeil mit Entfernungsangabe. Außerdem zeigt das Gerät an, ob der Hund in Bewegung ist, sitzt oder gar irgendwie blockiert ist. Es gibt auch Modelle, über die man mit dem Hund telefonieren kann. Mit meinem geht das nicht.

Im Falle eines Falles beispringen könnte ich meinem Hund trotz all dieser technischen Vorkehrungen nicht. Als Stöberhund ist er allein auf sich gestellt. Welche Mittel gibt es, ihn zu schützen?

Es geht immer martialischer zu im Wald. Ein schwedischer Hersteller bietet seit einiger Zeit eine Hundeschutzweste mit »integrierter Wolfsabwehr« an, eine Fortentwicklung der bekannten Schutzwesten, die den Hund gegen Wildschweinhauer schützen sollen. Solche Westen werden nun mit Stahlspitzen bewehrt, um den Wölfen das Zubeißen zu vergällen. Den Hunden geben sie das Aussehen von Stachelschweinen. Neu ist diese Idee mitnichten, sondern uralt. Herdenschutzhunde tragen Halsbänder mit Holz- oder Eisenstacheln seit Jahrtausenden. Elektrische Schutzwesten allerdings, die allerneueste schwedische Entwicklung, gab es bisher noch nie. Der Hund trägt praktisch einen in die Weste integrierten maßgeschneiderten Elektroweidezaun am Körper, der dem Wolf schmerzhafte Stromstöße verpasst, wenn er beim Zubeißen eine stromführende Litze berührt. Auch bei Regen soll diese Technik funktionieren. Man sieht also, dass der Wolf nicht nur altes Hirtenwissen reaktiviert, sondern auch technische Innovationen anstößt, an die man bislang nicht zu denken wagte. Im magischen Dreieck Wolf–Hund–Mensch geschehen auch heute noch die erstaunlichsten Dinge.

Wolfsbusiness:
Abschied vom Alpha-Wolf

Ich wollte nicht ohne fachlichen Beistand ins Kino gehen und verabredete mich deshalb mit Janosch Arnold, dem Wolfsexperten des WWF. Auf dem Programm stand Joe Carnahans Thriller »The Grey – Unter Wölfen« mit Liam Neeson in der Hauptrolle. In Amerika gab es heftige Proteste von Tierschützern gegen diesen Film, die sich zu einem Proteststurm auswuchsen, als Neeson in einer Talkshow erzählt hatte, bei den Dreharbeiten sei Wolfsfleisch gegessen worden, und in wohl kalkulierter Provokationsabsicht hinzufügte, dass er sich als kulinarisch abgehärteter Ire sogar Nachschlag geholt habe. Im Frühjahr 2012 kam »The Grey« in Deutschland in die Kinos. Wolfsschützer riefen zum Boykott auf. Der Film drohe alle Bemühungen zunichtezumachen, dem Wolf das Image der blutrünstigen Bestie zu nehmen. Auf den ersten Blick scheint solcher Alarmismus verständlich. Wer mit aller Leidenschaft dafür kämpft, das Bild vom sympathischen »Bruder« Wolf zu verbreiten, dem muss es als Katastrophe erscheinen, wenn das mächtige Hollywood ihn als hinterhältigen Killer zurück auf die Leinwand bringt.

Der Wolfsexperte und ich waren nach zwei Stunden Schneegestöber, blutigen Raubtierattacken und Männerkampf ums Überleben in eisiger Wildnis davon überzeugt, dass durch »The Grey« dem Wolf kein Imageschaden droht. Wir hatten einen gut gemachten Survival-Thriller gesehen, keinen Wolfsfilm. Die Filmwölfe haben mit echten Wölfen so wenig zu tun wie die Kannibalen eines Kannibalenfilms mit den Ureinwohnern Indonesiens. Sie sind reine Kunstfiguren.

Die Werbung für diesen Film hob stark darauf ab, die Dreharbeiten im winterlichen British Columbia selbst als Survival-Drama zu stilisieren, in dem Neeson wie in der Story des Films zum Leitwolf einer an ihre Grenzen geratenden Crew wird. Man sieht in der Tat, dass »The Grey« nicht im Studio gedreht wurde und die Stürme nicht von Windmaschinen stammen. Das Künstlichste an ihm allerdings sind die Wölfe, die nur in wenigen unscharfen Sequenzen wirklich durch die Szene traben. Wenn es zur Sache geht, übernehmen mit mechanischen Puppen und Computern die Animationstechniker das Regiment. Wie sollte es auch anders sein?

Neeson spielt John Ottway, einen gebrochenen Mann, der den Tod seiner Frau nicht verwinden kann. Bei einem Ölunternehmen in Alaska ist der Biologe und Jäger dafür zuständig, die Belegschaft gegen wilde Tiere zu schützen.

Er schreibt einen Abschiedsbrief, will seinem Leben ein Ende setzen und hat schon die Gewehrmündung am Mund, als ein auf das Camp zutrabender Wolf seine Reflexe aktiviert. Er schießt das Tier tot und schiebt den Selbstmord erst einmal auf. Nach dem Schichtwechsel sitzt er mit den Ölarbeitern im Flugzeug, das ihn nach Hause bringen soll. Naturgemäß gerät dieses Flugzeug in einen heftigen Schneesturm und stürzt mitten in der Wildnis ab. Dieser sich langsam ankündigende Absturz mit seinen sich bis zur Unerträglichkeit steigernden Geräuschen ist nichts für Leute mit Flugangst.

Was nun geschieht, ist durch das Genre diktiert. Acht Überlebende kriechen aus den weit verstreuten Teilen des Wracks. Sie haben nichts als ihre Kleider am Leib und ein paar Snacks und Schnäpse aus der Bordverpflegung, keine Kommunikationsmittel, keine Medikamente, keine Waffen, und sie sind weit davon entfernt, eine verschworene Gemeinschaft zu bilden, die sich dem fast aussichtslosen Überlebenskampf stellt. Dazu werden sie erst unter der Anleitung Ottways, der in extremer Lage wie zu erwarten zu neuem Lebensmut findet. Neben Kälte und Hunger tritt von Anfang an eine weitere tödliche Gefahr auf den Plan: ein Wolfsrudel, das die menschlichen Eindringlinge in sein Territorium vernichten will. Den ersten erwischt es beim Pinkeln.

An dieser Stelle mochte der Zoologe vom WWF auf fachliche Kritik doch nicht ganz verzichten. Wölfe verteidigten ihr Territorium zwar gegen Artgenossen, niemals aber gegen Artfremde, stellte Janosch Arnold klar. Die

Grundanlage des Plots – Wolfsrudel gegen Menschenrudel – sei also wenig plausibel. Sie trägt aber die gesamte Erzählung bis hin zum dramatischen Höhepunkt, an dem Ottway mit künstlichen Krallen an den Fingern selbst zum »Wolf« wird, der sich seinem wölfischen Gegner zum Zweikampf stellt.

Die Konflikte, die Menschen austragen müssen, wenn sie ohne Aussicht auf Hilfe in eine lebensbedrohende Lage geraten, sind schon hundertmal durchgespielt worden. »The Grey« besticht nicht durch Originalität, sondern durch perfektes Handwerk. Ottway, der mit dem Leben ja schon abgeschlossen hatte, hilft einem Sterbenden mit großer Einfühlsamkeit und begründet damit seine natürliche Autorität in der Gruppe, die er von nun an als »Alphatier« unbeirrbar durch die Wildnis führt. Dass sie stetig schrumpft, kann er allerdings nicht verhindern.

Eindrucksvoll an »The Grey« ist, wie der Film Landschaft, Licht und Farbe des subarktischen Nordens nutzt. Für ökologisch durchgearbeitete Mitteleuropäer mag es befremdlich sein, wie Regisseur Carnahan und sein Kameramann Masanobu Takayanagi eine ganz und gar menschenfeindliche Natur ins Bild setzen. Nichts in dieser Schneewildnis ist einladend oder böte gar Trost. In ein fahles, bläuliches Licht ist sie gehüllt. Panoramaschwenks über bewaldete Berge zeigen keine »Landschaft«, sondern nur die Tatsache, dass diese Wildnis kein Ende nimmt, dass hinter den Bergen weitere Berge kommen, in die sich keine Menschenseele je verirren wird.

Der Schluss lässt offen, wie der finale Zweikampf der beiden »Leitwölfe« ausgegangen ist. Man sieht, dass beide bis zur Erschöpfung gekämpft haben und am Boden liegen. Der Wolf atmet noch, der Mann ist vielleicht schon tot, wer weiß? Zwei Alphatiere in eisiger Einsamkeit – man kann »The Grey« auch als Abgesang verstehen auf die Figur des großen, grauen, alten, Unterwerfung und Gefolgschaft fordernden Anführers. Das Modell »Alphatier« hat ausgedient, nicht nur in der Wolfsbiologie. Aber für Verständnis wölfischen Verhaltens war dieser Paradigmenwechsel besonders spektakulär und folgenreich. Er strahlt in soziale Gefilde aus, die nie eine Wolfspfote je betritt.

Wir bleiben vorerst aber in der Wildnis des Nordens. Ja, wir müssen noch viel weiter hinauf, aus der Subarktis in die Arktis, zum Ellesmere Island, dessen nördliche Spitze nur 769 Kilometer vom Pol entfernt ist. Die etwa 200 000 Quadratkilometer große Insel gehört zum autonomen kanadischen Territorium Nunavut. 80 000 Quadratkilometer sind von Gletschereis bedeckt. Der Rest ist baumlose, windgepeitschte Tundra und Lebensraum für eine vielfältige arktische Fauna. Neben dem Moschusochsen, dem Rentier, dem Polarfuchs, dem Schneehasen und vielen anderen Arten behauptet sich hier auch das nördlichste Wolfsvorkommen der Welt. Die weißen Polarwölfe von Ellesmere Island sind durch Filmdokumentationen und Bildbände weltweit bekannt geworden. Es gibt auf der Insel nur drei Siedlungen: einen Militärstützpunkt, eine Wetterstation und ein Inuitdorf. Die Wölfe sind an die wenigen menschlichen Inselbewohner gewöhnt. Sie werden nicht gejagt, verhalten sich entsprechend wenig scheu und lassen sich aus der Nähe beobachten.

Der Erste, der das wissenschaftlich tat, war David Mech. Von 1986 bis 1998 verbrachte er jeden Sommer bei den Ellesmere-Wölfen. Es gelang ihm, ein bestimmtes Rudel an seine ständige Anwesenheit zu gewöhnen und diese Akzeptanz Jahr für Jahr zu erneuern und zu festigen. Er konnte sein Zelt in der Nähe einer Wurfhöhle aufschlagen und das Familienleben der Wölfe aus nächster Nähe studieren. Die Ellesmere-Wölfe revolutionierten sein Bild vom wölfischen Sozialverhalten. Mech, 1937 in Auburn, New York, geboren, war schon ein international renommierter Wolfsspezialist, als er seine Forschungen im hohen Norden begann. Seinen Einstand hatte er, wie schon erwähnt, Ende der Fünfzigerjahre mit einer Untersuchung über die Wechselbeziehung zwischen Wölfen und Elchen auf der Isle Royale gegeben. 1970 veröffentlichte er das Standardwerk *The Wolf. Ecology and Behaviour of an Endangered Species*, das in 120 000 Exemplaren verbreitet ist. Was die Stellung der Wölfe im Ökosystem angeht, war dieses Buch sicher ein wissenschaftlicher Durchbruch. Es trug wesentlich zu dem neuen, positiven Bild großer Beutegreifer als unverzichtbarer Regulatoren bei, von dem sich der internationale Natur- und Artenschutz mehr und mehr leiten ließ. Bei der Beschreibung des wölfischen Verhaltens allerdings hielt sich Mech an die damals herrschende Lehre. Und die war wesentlich schon in den Vierzigerjahren von dem Schweizer Verhaltensforscher Rudolf Schenkel formuliert worden (*Expression Studies on Wolves*, 1947). Schenkel hatte die soziale Interaktion von Gehegewölfen in einem Ethogramm, einem Verhaltenskatalog, zusammengefasst und daraus ein Modell der wölfischen Sozialstruktur abgeleitet. Danach ist die Wolfsgesellschaft durch zwei Hierarchiestränge gekennzeichnet, einen männlichen und einen weiblichen. Ein männliches und ein weibliches Alphatier stehen an der Spitze der Rangordnung. Sie behaupten und verteidigen ihre Position durch aggressives Dominanzverhalten. Kleinste Anzeichen von Schwäche können zur Rebellion führen. Das Rudel lebt in einem Zustand permanenter Spannung.

Wenn Mech die Nase aus seinem Zelt steckte, erlebte er völlig andere Wölfe. Sie waren nicht in Rangkämpfe verstrickt, sondern kooperierten bei der Jagd und der Aufzucht der Welpen. Mittelpunkt des Rudels war das Elternpaar, das seine natürliche Autorität nicht unentwegt in Rangordnungsritualen behaupten musste. 1999 veröffentlichte Mech im *Canadian Journal of Zoology* unter dem Titel »Alpha Status, Dominance, and Division of Labour« eine Zusammenfassung seiner Forschungen an den Ellesmere-Wölfen. Der kurze Text hatte weitreichende Folgen. Mech schreibt: »Das vorherrschende Bild von einem Wolfsrudel *(Canis lupus)* ist das von einer Gruppe von Individuen, die ständig um Dominanz konkurrieren, aber dabei vom sogenannten Alpha-Paar, dem Alpha-Männchen und dem Alpha-Weibchen, unter Kontrolle gehalten werden. Die meisten Untersuchungen über das soziale

Kräftespiel bei Wolfsrudeln wurden jedoch an unnatürlichen Zusammenstellungen gefangener Wölfe durchgeführt. In diesem Artikel beschreibe ich die soziale Ordnung eines Wolfsrudels, wie sie in der Natur vorkommt ... Ich komme zu dem Schluss, dass das typische Wolfsrudel eine Familie ist, in der die erwachsenen Elterntiere die Aktivitäten der Gruppe über ein System der Arbeitsteilung anführen. Dabei überwiegen beim Weibchen hauptsächlich Tätigkeiten wie die Betreuung und die Verteidigung der Welpen, während sich das Männchen vorrangig dem Jagen, der Futterversorgung und den damit verbundenen Wanderungen widmet.« Mech behauptet nicht, dass es in einem Wolfsrudel oder, wie man richtiger sagen muss, in einer Wolfsfamilie kein Dominanzverhalten gebe. Körpersprachlich sind Gesten von Dominanz und Unterwerfung allgegenwärtig, etwa das »Darüberstehen«, das »Über-den-Fang-Beißen« oder das Betteln um Futter. Sie zeigen aber das weitgehend konfliktfreie Funktionieren einer natürlichen Familienordnung und nicht den Dauerstreit um eine erkämpfte Hierarchie an.

Früher nahm man an, Wolfsrudel seien Jagdgemeinschaften aus nicht notwendig miteinander verwandten Tieren, unter denen, wie im Gehege, die Rangfolge ausgekämpft werden müsse. Dem stellte Mech das inzwischen durch vielfache Feldforschungen bestätigte Modell der wölfischen Kleinfamilie entgegen, die als Nukleus jeglicher Wolfsgesellschaft zu betrachten sei. Ein Wolfsrudel ist demnach im Normalfall nichts anderes als ein Wolfspaar mit seinen diesjährigen und den noch nicht abgewanderten vorjährigen Nachkommen. Es kann vorkommen, dass sich mehrere solcher Familien zusammenschließen und Großrudel bilden. Es wurde auch beobachtet, dass Wolfsfamilien Wölfe ohne Familienanschluss quasi »adoptieren«. Und natürlich können Wolfseltern bei Verlust des Partners neue Bindungen eingehen. Aber die entscheidenden Bande zwischen Wölfen bleiben die Familienbande in der Generationenfolge.

Während es noch vor zwanzig Jahren in der Wolfsliteratur von Alpha-, Beta- und Omega-Wölfen nur so wimmelte und für viele Forscher, aber auch das wolfsinteressierte Laienpublikum die Rangkämpfe das hauptsächliche Faszinosum zu sein schienen, geht es heute dort zuweilen geradezu biedermeierlich zu. Von Alpha-Tieren ist kaum noch die Rede. Sie heißen jetzt Eltern, Elterntiere oder auch »reproduzierendes Paar«. Statt von Rudeln spricht man von Familien. Neue populärwissenschaftliche Bücher, etwa *Wölfe. Das neue Bild vom scheuen Jäger* von Mira Meyer und Angelika Sigl, breiten Szenerien innigen Familienlebens aus. Man könnte fast versucht sein, das als Wunschprojektion zu interpretieren. Bei den Wölfen scheinen auf natürliche Weise jene Familienwerte zu herrschen, an denen es in menschlichen Familien oft mangelt. Wölfe sind treu, fürsorglich, kooperativ und tolerant, sie fügen sich der natürlichen Autorität der Eltern und erweisen sich untereinander durchaus innige Zuwendung. Bevor man sich völlig diesem romantischen Ideal überlässt, sollte man sich in Erinnerung rufen, dass diese Musterfamilien gegen »Fremde« höchst unangenehm werden können. Nach außen ist die Wolfsfamilie ein Kriegerverband, der sein Territorium erbittert gegen Eindringlinge verteidigt. Zur gesellschaftlichen Utopie sollte man den wölfischen Naturzustand nicht verklären.

Angesichts der Entdeckung wölfischer Familienwerte kommt einem die Formel des Staatstheoretikers Thomas Hobbes (1588–1679) in den Sinn, dass im Naturzustand der Mensch dem Menschen ein Wolf sei *(homo homini lupus)*. Es tut hier nichts zur Sache, dass diese Formulierung ursprünglich auf den römischen Komödienschreiber Plautus zurückgeht. Durch Hobbes wurde der Satz zum geflügelten Wort, das zusammen mit dem vom Krieg aller gegen alle *(bellum omnium contra omnes)* die noch nicht unter einer zentralen Staatsmacht gebändigte menschliche Natur beschreibt. Nur wenn er sich einer absoluten Herrschaft unterwerfe, könne der Mensch unter seinesgleichen in Frieden leben, sagt Hobbes. In ihrem trivialisierten Gebrauch bedeuten diese Hobbes'schen Formeln, dass man seinen Mitmenschen nicht trauen könne, dass jeder nur auf seinen eigenen Vorteil bedacht und jeglicher Friede brüchig sei, dass unter dem Firnis der Zivilisation die grausame Raubtiernatur des Menschen lauere. Das wahre Menschsein beginnt nach dieser Auffassung erst, wenn der Mensch alles Wölfische hinter sich gelassen hat. Im Lichte des neuen Wolfsbildes gerät diese Denkfigur ins Wanken, ja, sie könnte sich geradezu umkehren. Wäre heute mit Latein noch Eindruck zu machen, würde sich *homo homini lupus* durchaus als sozialtherapeutischer Wahlspruch eignen: An den Wölfen sollt ihr euch ein Beispiel nehmen, wenn ihr die Schwächen der menschlichen Natur überwinden wollt. Alles wird gut, wenn der Mensch dem Menschen ein Wolf ist.

Natürlich wird nicht alles gut. Aber könnte nicht manches doch besser werden mit wölfischen Tugenden, das Betriebsklima zum Beispiel und damit auch das Betriebsergebnis? In die politische Erziehung, in die Staatsbürgerkunde, in die Programmatik der Parteien und das Repertoire der politischen Rhetorik hat das neue Wolfsbild noch nicht Eingang gefunden, wahrscheinlich, weil auf dem Gebiet des Politischen jede Form von »Naturalismus« mit einem Tabu belegt ist. Wer behauptet, dass etwas » von Natur aus« so oder so sei, setzt sich dem Vorwurf aus, nicht auf der Höhe einer aufgeklärten Gesellschaft zu sein. Jenseits der Politik aber steht »Natürlichkeit« hoch im Kurs. Zwar lässt sich trefflich darüber streiten, was mit »natürlicher Ernährung« oder »natürlichem Wohnen« genau gemeint sein soll. Es gilt aber die Annahme, dass in der Natur so etwas wie das richtige Maß zu finden sei. In der Wirtschaft, unter Managern, Personalberatern und Coachs geht seit einigen Jahren die Idee um, dass speziell in der Wolfsnatur das richtige Maß für Autorität, Hierarchie, Kooperation, Konkurrenz, Disziplin und Toleranz bei der Mitarbeiterführung zu finden sei. Das Motto heißt »Lernen von den besten Führungskräften der Natur«. Wolfskurse für Nachwuchsmanager liegen im Trend. Die Angebote schießen wie Pilze aus dem Boden.

Bei diesen Unterrichtsstunden für Abteilungsleiter und Teamchefs begegnen wir auch wieder dem Phänomen des Wolfskusses. Er scheint als Initiationsritual unverzichtbar zu sein. Die Fachzeitschrift *manager seminare* beschreibt im August 2011 in einer langen Reportage ein Führungskräftetraining, das der Managementtrainer Rainer K. Lessing bei den Wölfen des Wildparks Lüneburger Heide durchführte. Nachwuchskräfte der Otto Group hatten dieses Angebot gebucht. So begann es, das wölfische Trainingsprogramm: »Quietschend öffnet sich die Gittertür. Wir huschen hindurch, dunkle Gestalten, in Jeans, schwarzen Jacken, Bergstiefeln. Gebückt laufen wir über den Waldboden, schleichen auf einen Zaun zu, kauern dort nieder, den Rücken gegen den Maschendraht gelehnt. Der Letzte schließt die Tür von innen, läuft an den anderen vorbei, setzt sich an die Spitze. Wie schwarze Perlen aufgereiht hocken wir gegen den Zaun gedrückt. Abwarten in Reih und Glied. Herzklopfen. Kopflähmung ... Atem anhalten – jetzt kommen sie! Einer nach dem anderen preschen sie hinter dem Hügel hervor: drei Wölfe, weiß wie Wolken. Der erste rennt auf uns zu, stützt sich auf unsere Oberschenkel, und schon wird es nass in unseren Gesichtern. Die Wolfszunge schleckt alles ab, fährt über unsere Lippen, unser Kinn, unsere Augen. Dann ein Knabbern. Die Zähne des Wolfs spielen mit unseren Nasen, beißen vorsichtig zu. Etwas mehr, und der Nasenflügel würde im Rachen des Tieres landen ... doch der Wolf lässt ab, bevor es gefährlich wird. Lieber kitzelt er uns wieder mit seiner Zunge und hinterlässt einen klebrigen Film auf unseren Wangen. Wie der Schleim einer Nacktschnecke fühlt sich das an.«

Das ist, man muss noch einmal daran erinnern, nicht die Beschreibung einer Dschungelcampszene unter C-Promis, die den Ekeltest bestehen müssen. Es handelt sich bei diesen bemerkenswerten Vorgängen um den Start des »dritten Moduls« einer »Personalentwicklungsmaßnahme«. Nachwuchskräfte sollen mithilfe der Wölfe ihre Sozialkompetenz verbessern und »erleben und erspüren, was es im Führungskontext heißt, emotional intelligent zu handeln«, wie Personalentwickler Martin Prasse es formuliert. Trainer Lessing glaubt, dass Menschen von Wölfen lernen könnten, ein Team zu führen, als »Leader« Akzeptanz und in der Gruppe ihre Rolle zu finden. Wölfe verständigten sich mit leisen Tönen, Gesten und Blicken, nicht durch lautes Gebrüll. Sobald sie in eine Machtposition eingerückt seien, vergäßen die meisten Führungskräfte, was es heiße zu folgen. »Leadership« bedeute jedoch »führen und folgen«.

Warum aber muss man sich von Wölfen abschlecken lassen, um das zu kapieren? Starke Emotionen förderten das Lernen, man erinnere sich langfristig nur an Dinge, die mit starken Gefühlen verbunden seien, weiß Lessing. Die Berührung eines Wolfes rufe solche starken Gefühle hervor und verbinde »den Menschen wieder mit seiner ureigenen Kraft«. Drei Tage lang sitzen die Teilnehmer auf dem Waldboden, beobachten die Wölfe und lassen sich von der Wolfsbetreuerin Tanja Askani die Wolfsnatur nahebringen. Zwischendurch geht es mit dem Fahrrad durch die Lüneburger Heide, um die Köpfe auszulüften und die emotionalen Wolfserlebnisse zu verarbeiten.

Wildparks, die Wölfe halten, entdecken zunehmend die Kooperation mit Personalentwicklern und Managementtrainern als neues, zusätzliches Geschäftsfeld. Das »Wolfcenter« im niedersächsischen Dörverden steht jedoch für eine neue Qualitätsstufe im Wolfsbusiness. Hier ist seit 2010 auf einem ehemaligen Bundeswehrgelände ein Wolfsunternehmen entstanden, dessen Angebote alle nur denkbaren Wolfsinteressen und -interessenten ansprechen, vom Kindergartenkind, das spielerisch mit dem Wolf vertraut gemacht wird, bis zum stressgeplagten, Burn-out-bedrohten Manager, der im komfortablen Baumhaus über dem Wolfsgehege im Whirlpool bei Champagner und Wolfsgeheul ein unvergessliches Wochenende lang die Seele baumeln lassen kann. Die Idee zu diesem Unternehmen kam den Gründern Frank und Christina Faß bei einer Ferienreise durch die kanadischen Rocky Mountains, bei der sie mehrmals Wölfen begegneten und in einem kanadischen Wolfcenter erfuhren, wie mit dem Wolf als Leittierart professionelle Natur- und Umweltbildung betrieben werden kann.

Frank Faß, Jahrgang 1974, ist der Typ des Naturburschen, der den ganzen Tag nicht aus seiner wetterfesten Funktionskleidung herauskommt. Ich lernte ihn bei einem internationalen Wolfskongress in Dörverden kennen, den er mit bewundernswerter Umtriebigkeit und Hartnäckigkeit als erste Veranstaltung dieser Art in Deutschland organisiert hatte. Internationale Koryphäen der Wolfsforschung waren in die niedersächsische Provinz gekommen, um über mögliche Wege einer einigermaßen friedlichen Koexistenz von Mensch und Wolf zu diskutieren. Faß war in seinem »früheren Leben« Luft- und Raumfahrtingenieur mit fester Anstellung in ent- wicklungsfähiger Position. Diese Position gab er für die Wölfe auf, nicht aber seinen kühl kalkulierenden Ver- stand. Er ist kein romantischer Wolfsidealist und steht als Jäger und Falkner auch nicht unbedingt im Lager des fun- damentalistischen Naturschutzes. Er betrachtet es als sei- ne Mission, der Öffentlichkeit ein realistisches Bild vom Wolf zu vermitteln und gerade damit Begeisterung für dieses Wildtier zu wecken, das gerade dabei ist, sich in un- serer unmittelbaren Nachbarschaft wieder zu etablieren.

Zwei Rudel Europäischer Grauwölfe werden in großen Gehegen in einem Waldstück gehalten. Eines davon be- steht aus Tieren, die von Menschenhand aufgezogen wur- den. Zum Verhaltensvergleich bewohnen tschechoslowa- kische Wolfshunde ein weiteres Gehege in dem weitläufigen ehemaligen Kasernenareal. Eine kleine Schafherde mit Herdenschutzhund ermöglicht die direkte Begegnung mit dem Spannungsfeld Weidetierhaltung–Wolf. Ein Streichel- zoo und ein Spielplatz fehlen ebenso wenig wie ein Re- staurant. Ein didaktisch sehr professionell gemachtes Mu- seum zeigt in zwei Ausstellungen Biologie und Ökologie des Wolfes sowie die lange gemeinsame Geschichte von Mensch, Wolf und Hund. Das umfangreiche Seminarange- bot richtet sich einerseits an Lehrer, Erzieher, Schüler und bestimmte Interessengruppen wie Jäger oder Schafhalter. Konsequent ausgebaut hat Faß daneben das Programm für Führungskräfte, obwohl er selber nicht unbedingt davon überzeugt ist, dass die Verhältnisse in einem Wolfsrudel eins zu eins auf menschliche Sozialbeziehungen übertragen werden können. Unternehmerisch wollte er das Geschäftsfeld des wolfsbasierten Führungstrainings nicht brachliegen lassen, legt aber seit Neuestem den Schwerpunkt auf das Thema Unternehmensgründung.

Irina Schefer, Autorin des Buches *Wie Wölfe mit Vertrauen führen und was menschliche Chefs davon lernen können* bot im Wolfcenter ihren Workshop »Vertrauen vor Rang – Wölfe als Impuls- und Ideengeber« an, in dem mit der Mär vom Alpha-Wolf aufgeräumt werden soll, der sein Rudel mit harter Hand dirigiert. Sich an diesem Klischee abzuarbeiten bietet offenbar noch lange Zeit ausreichend Stoff für einschlägige Seminare. Bei der eintägigen Veranstaltung wird erörtert, wie eine Führungskraft Mitarbeiter zu Leistungen anspornen kann, ohne Zwang auszuüben, welche Rolle Werte wie Vertrauen, Verlässlichkeit und Integrität spielen und wie diese Werte in konkretem Führungsverhalten zur Geltung gebracht werden können.

Dass man am Abend ein besserer Chef ist, wird natürlich nicht garantiert, auch nicht bei zwei- und dreitägigen Workshops mit ähnlicher Themenstellung. Bei dem Angebot »Auftanken statt Ausbrennen« handelte es sich um ein besonderes Schmankerl, ein Coaching mit persönlicher Betreuung für einzelne Klienten, die nach zwei Tagen und Nächten im Wald und unter Wölfen auch noch Anspruch auf eine individuelle Nachbereitung durch eine Trainerin hatten.

Irina Schefer verwendet für diese Art von Führungs-training den Begriff der »Bionik«, der in den Ingenieurs-wissenschaften für die Übertragung von Vorbildern aus der Natur auf technische Lösungen steht. Bionik bedeute, so Schefer, »gezielt und systematisch in der Natur nach Strukturen zu suchen, mit denen sich technische Proble-me lösen lassen«. Dieser Grundsatz werde nun auch in der »Wirtschaftsbionik« angewendet. Der Reichtum der Natur sei unerschöpflich. Vom Balztanz der Pfaue ließen sich Marketingfachleute inspirieren, Wissensmanager seien von Elefanten fasziniert, die wissen, wann sie wel-che Wasserstelle aufsuchen müssen. Und Wölfe böten nun einmal das Modell für effektive Führung.

Noch vor zwanzig Jahren hätte niemand gedacht, dass ausgerechnet der Wolf zum Leitbild der postindustriellen Arbeitswelt mit ihren flachen Hierarchien werden könn-te. Damals herrschte, wie wir gesehen haben, nicht nur eine konträre Vorstellung von der sozialen Natur des Wolfes. Auch diejenigen, die sich mit Wölfen beschäftig-ten, wären kaum auf die Idee gekommen, dass die Objek-te ihrer wissenschaftlich oder wie auch immer begründe-ten Leidenschaft irgendetwas zu tun haben könnten mit der Angestelltensphäre der Großraumbüros, der Compu-ter, der Teamsitzungen und des schnellen Sushi-Imbisses in der Mittagspause. Wer Wölfen hinterherlief, der wollte von dort möglichst weit weg, dem stand der Sinn nach kalten Mondnächten, nach Einsamkeit in endloser Wild-nis, dem lag nichts ferner als ein urbanes Lebensgefühl. Nun kehren die Wölfe nicht nur mit großer Selbstverständlichkeit als nüchterne Anpassungskünstler in unsere Wälder und Kulturlandschaften zurück. Sie dringen ins Innere der kapitalistischen Ökonomie ein. Wie dem steinzeitlichen Jäger vor 20 000 Jahren, so sind sie heute dem modernen Laptop-Menschen faszinierendes Vor- und Spiegelbild.

Viele dieser Menschen tragen, nicht nur in ihrer Freizeit, Kleidung, auf denen die Wölfe in Form eines meist gelben Pfotenabdrucks ihre Spur hinterlassen haben. In einem Kapitel, das sich mit Wölfen und Wirtschaft beschäftigt, muss auch von »Jack Wolfskin« die Rede sein. Längst steht diese Marke nicht mehr nur für spezielle Outdoor-Ausrüstung. Ihr Image der Naturverbundenheit überträgt sie inzwischen auch auf gewöhnliche Alltagskleidung. Und ihre Funktionsjacken und -hosen haben umgekehrt längst Eingang in den urbanen Alltag gefunden. Seit der Jahrtausendwende, so sagen Marktbeobachter, hat sich der Trend, Outdoor- und Funktionsbekleidung auch in die modische Richtung zu vermarkten, kontinuierlich verstärkt. Jack Wolfskin wendet sich gezielt an Menschen, die gerne draußen sind, obwohl sie dort nicht unbedingt Sport, geschweige denn Extremsport betreiben. In Branchenzeitschriften taucht immer wieder das Bild des Anzugträgers auf, der auch am S-Bahnsteig nicht auf seine Funktionsjacke verzichtet. Schon 1999 lautete das Motto von Jack Wolfskin nach den Worten des damaligen Geschäftsführers Manfred Hell: »Outdoor ist längst nicht mehr nur etwas für Spezialisten, sondern für jedermann.«

Mit diesem Kurs errang die Marke die Marktführerschaft in der Outdoor-Branche. 2007 kannten 59 Prozent der Teilnehmer einer Umfrage Jack Wolfskin. Fünf Jahre später waren es 95 Prozent. Geht man heute durch die Fußgängerzonen deutscher Städte, findet man sich in einem Gewimmel gelber Wolfstatzen. Kulturwissenschaftler künftiger Generationen werden sich vielleicht mit dem merkwürdigen Phänomen befassen, dass im Deutschland des frühen 21. Jahrhunderts wildnistaugliche Kleidung mit einem Wolfssymbol quasi zur Volkstracht wurde.

An der Wiege dieser spektakulären Wolfsgeschichte stand übrigens kein Wolf, sondern, der Firmenlegende nach, ein Bär, der den Firmengründer Ulrich Dausien, einen Pfadfinder und frühen Outdoor-Freak aus Hanau, auf einer Wildnistour in Kanada mit einem Tatzenhieb außer Gefecht setzte und zum Nachdenken brachte. Dausien, der schon als Flohmarktverkäufer sein Glück versucht und in den Siebzigerjahren ein kleines Handelsunternehmen für wetterfeste Kleidung, Rucksäcke und Schlafsäcke gegründet hatte, saß mit seinen Gefährten nach der glimpflich verlaufenen Bärenattacke am Lagerfeuer und brütete neue Geschäftsideen aus. Das Wort »Bearskin«, Bärenhaut, machte die Runde. Als Markenname, der Menschen ansprechen soll, die sich aktiv in der Natur betätigen wollen, ist die Bärenhaut, auf der man faul herumliegt, naturgemäß wenig geeignet. Von »Bearskin« zu »Wolfskin« ist es nicht weit. Und wenn man dem Wolfskin noch den Vornamen des Schriftstellers Jack London voranstellt, dann hat man ein Kunstwort, das geradezu perfekt all jene Assoziationen von Freiheit, Wildnis und Abenteuer hervorruft, die in die neu zu gründende Eigenmarke des Dausien'schen Unternehmens eingehen sollten. 1981 ließ Dausien die Marke eintragen, 1988 gründete er das Unternehmen Jack Wolfskin als GmbH. 1994 zog er sich als gemachter Mann aus dem Geschäft zurück. Seit 2002 befindet sich die Firma im Besitz wechselnder Finanzinvestoren. Der aktuelle Besitzer heißt Quadriga Capital. Die bekannteste Wolfstatze gehört also einer »Heuschrecke«.

Auf Wolfstatzen suchten noch andere voranzukommen. Auch die *tageszeitung*, die *taz*, nutzt die »tazze«. Die Zeitung hatte es allerdings versäumt, sich die Rechte an diesem von Roland Matticzk entworfenen Logo sichern zu lassen. Als der Verlag begann, Produkte mit diesem Logo zu vertreiben, die zum Kerngeschäft von Jack Wolfskin gehören, also etwa Taschen oder Mützen, kam es zum Rechtsstreit. Jahrelang zog sich die Auseinandersetzung hin. Sie endete 2002 mit einem Sieg für das Bekleidungsunternehmen. Die Zeitung darf nur noch sich selbst und nicht mehr ihre Verlags-Commercials mit der »tazze« verbreiten. Davon, dass ihre Leser das Jack Wolfskin übel nehmen, ist nichts bekannt.

Bei den Ureinwohnern Nordamerikas und vielen Völkern Zentralasiens hatte der Wolf eine herausragende Stellung als Totemtier. Ein Totem ist ein Zeichen, das Herkunft, Verwandtschaft und Zugehörigkeit ausdrückt. Sippen und Clans leiteten ihre mythische Abstammung von Totemtieren her. Zwischen einem Totem und einer

Handelsmarke liegen Welten und Zeitalter – einerseits. Andererseits bestehen das Totem und die Marke als Zeichen aus demselben kulturellen Urstoff. Dem Menschen eröffnen sich durch Zeichen ganze Bedeutungsuniversen. Das war im Zeitalter der Schamanen genau so wie im Zeitalter der Reklame. Mit dem Wolf lassen sich, wie wir gesehen haben, in vielfältiger Weise Geschäfte machen, und er hat es sogar geschafft, zum Medium der ökonomischen Modernisierung zu werden. Nicht nur als biologisches Wesen, sondern auch als Zeichensystem beweist er eine erstaunliche Anpassungsfähigkeit. Im Erfolg der Wolfstatze schwingt ein Echo aus Urzeiten mit.

Mit Wölfen leben

Ende März 2013 verbreitete das »Kontaktbüro Wolfsregion Lausitz« die Nachricht, dass nahe der Ortschaft Mücka im Landkreis Görlitz der Kadaver der Wölfin »Einauge« gefunden worden sei. »Einauge« war eine der Urmütter der deutschen Wölfe. Wir sind ihr in diesem Buch schon wiederholt begegnet. Sie verkörpert wie gesagt die Rückkehr der Wölfe nach Deutschland.

Das ist ihre Geschichte: Geboren wurde sie auf dem Truppenübungsplatz Muskauer Heide. Vielleicht gehörte sie zu den ersten Wolfswelpen, die eine aus Polen zugewanderte Wölfin im Jahr 2000 auf deutschem Boden zur Welt brachte. Dann könnte sie das weibliche Mitglied jener »Viererbande« gewesen sein, die 2002 zweimal die Schafe des Schäfers Neumann überfiel und dreißig Tiere tötete. Es kann aber auch sein, dass sie aus dem Muskauer Wurf des folgenden Jahres stammte. Ihre Jugend liegt ziemlich im Dunkeln. Man kann nur vermuten, dass sie zwei, vielleicht auch drei Jahre in der Elternfamilie blieb.

Irgendwann kam aber auch für sie die Zeit, abzuwandern, einen Partner zu suchen, ein eigenes Territorium zu begründen und Nachwuchs in die Welt zu setzen.

»Einauge« war eine späte Mutter. Erst 2005 fand sie den »Richtigen«, der so ganz richtig dann auch nicht war. Ihr Rüde kam aus der näheren Verwandtschaft. Es mag sein, dass sie deswegen so lange zögerte, sich zu binden. Lieber wäre ihr wahrscheinlich ein frischer Einwanderer aus Polen gewesen oder gar aus Weißrussland oder dem Baltikum. Solche Blutauffrischer jedoch waren und sind auch heute noch Mangelware auf dem wölfischen Heiratsmarkt. Wie dem auch sei, ihr Auserwählter nahm sie, wie sie war, einäugig und humpelnd.

Filmaufnahmen aus dem Jahr 2005 zeigen ein Wolfspaar in der Nähe des Braunkohletagebaus Nochten. Bei der Wölfin leuchtet nachts nur ein Auge, das linke. Und sie lahmt. So kommt »Einauge« zu ihrem Namen und zu ihrer Prominenz. Die Begründer des Nochtener Rudels ziehen bis 2011 Jahr für Jahr Welpen auf, mindestens 42 insgesamt. Nachkommen von »Einauge« begründen das Daubaner, das Spremberger und das Milkeler Rudel. Eine Tochter wandert nach Niedersachsen und eröffnet dort, auf dem Truppenübungsplatz Munster, das neue Wolfszeitalter. Ein Sohn, der 2009 von den Wildbiologen des Lupus Instituts besendert wurde, läuft bis nach Weißrussland, ein Enkel bis nach Dänemark.

2010 wurde auch »Einauge« selbst gefangen und mit einem Senderhalsband versehen. Leider funktionierte das Gerät nicht lange. Doch immerhin ergaben die in wenigen Monaten gesammelten Daten, dass »Einauge« ein Territorium von rund 200 Quadratkilometern bewohnte. Auch konnte man nachvollziehen, dass sie mit ihren frisch geborenen Welpen ausgesprochen oft umzog.

Gab es Gründe für diese Unruhe? 2012 wurden »Einauge« und ihr Partner entmachtet und an den Rand ihres ehemaligen Territoriums abgedrängt. Dort übernahm eine Tochter das Regiment. Aufnahmen aus Fotofallen und vielfältige Spuren und Beobachtungen belegen diesen Machtwechsel.

»Einauges« Kadaver wurde im Berliner Institut für Zoo- und Wildtierforschung obduziert. Als Todesursache stellte man schwere Bissverletzungen fest. Alles deutet darauf hin, dass »Einauge« von Artgenossen getötet wurde. Wahrscheinlich war sie zwischen die Fronten eines wölfischen Grenzkrieges geraten. Der Fundort ihres Kadavers jedenfalls liegt in einem zwischen zwei Rudeln umkämpften Gebiet. Andere Angriffe auf ihr Leben hatte sie überlebt. Mehrfach war auf sie geschossen worden. In ihrem Körper fand man Schrotkörner und andere Geschosspartikel. »Einauge« verbrachte den größten Teil ihres Lebens genau dort, wo hundert Jahre zuvor der »letzte« deutsche Wolf erlegt wurde. Wir erinnern uns daran, wie die Jagdzeitschrift *Wild und Hund* dieses Ereignis jubelnd kommentierte. Unverzeihlich sei es zwar, dass Jahre vergehen mussten, ehe dem »Satan« das Handwerk gelegt werden konnte. Doch »nun ist Gott sei Dank Ruhe, und den Erfolg werden wir recht bald an unserem Wildstand merken«.

Die Zeitschrift gibt es immer noch, sie steht im 120. Jahr ihres Erscheinens. In der deutschen Pressegeschichte findet man wenige Beispiele solcher historischer Kontinuität. Den Wolf zu verteufeln hat man sich allerdings abgewöhnt in diesem Leitmedium der deutschen Jägerei. Man ist bemüht, sich an die wildbiologischen Fakten zu halten.

Diejenigen jedenfalls, die versuchten, nach dem Motto der drei »S« – schießen, schaufeln, schweigen – »Einauge« aus der Welt zu schaffen, könnten sich, würden sie je zur Verantwortung gezogen, nicht darauf hinausreden, von journalistischen Einpeitschern zu solchem Frevel verleitet worden zu sein. Es gibt zwar unter den Jägern nicht wenige Wolfshasser, doch die artikulieren sich hauptsächlich in der Anonymität von Internetforen oder auch beim »Schüsseltreiben« nach der Jagd, wenn man glaubt, »unter sich« zu sein. Kein Jagdverband aber fordert die neuerliche Ausrottung der Wölfe. Und auch in den Jagdzeitschriften findet diese Position keinen Raum. Manchen Jägern verlangt diese offizielle Wolfstoleranz viel Selbstüberwindung ab. Ihnen fällt es schwer, einen Superjäger neben sich zu dulden. Andere freuen sich darüber, nun gemeinsam mit dem Wolf jagen zu können. Auf die jagdpolitischen Eiertänze um den Wolf sind wir schon ausführlich eingegangen. Jetzt, wo es um eine erste Bilanz der neuen deutschen Wolfsgeschichte geht, muss deutlich ausgesprochen werden, dass die Jäger in Deutschland nicht Gewehr bei Fuß bereitstehen, den Wölfen wieder den Garaus zu machen. Niemand redet einem neuerlichen

Ausrottungsfeldzug das Wort. Auch die Weideviehhalter sind weit davon entfernt, zur Selbsthilfe mit Pulver und Blei zu greifen. Wäre das nicht so, bräuchten wir kein Buch über wölfische Heimkehrer zu schreiben. Es gäbe sie nicht.

Es hat in den vergangenen fünfzehn Jahren immer wieder illegale Wolfsabschüsse gegeben. Im Dezember 2013 traf es ein Jungtier in der sächsischen Lausitz. Ende März 2014 fanden Forstarbeiter einen verendeten Wolf, der durch DNA-Analysen als Vatertier des Daubener Rudels identifiziert werden konnte, ein genetisch besonders wertvolles, aus Polen zugewandertes Tier. Er war an einem Bauchschuss verendet. Auch in Zukunft werden solche Straftaten kaum zu verhindern sein. Die weitere Ausbreitung der Wölfe wird aber daran nicht scheitern.

Von einem gesellschaftlichen Konsens, die Wölfe mit offenen Armen als Bereicherung unseres Daseins begeistert zu empfangen, sind wir naturgemäß weit entfernt. Das wäre eine Haltung, die man insbesondere den direkt Betroffenen, vor allem den Landwirten, nicht abverlangen kann. Aber von einer gesellschaftlichen Bereitschaft, es trotz aller nicht von der Hand zu weisenden Konflikte mit den Wölfen als Nachbarn wenigstens zu versuchen, kann man mit Fug und Recht sprechen.

»Einauge« trug die Spuren alter Wolfsfeindschaft in ihrem Körper. Ihre Verletzungen hinderten sie aber nicht daran, in Deutschland ein langes, fruchtbares Wolfsleben zu führen. An den Wölfen wird die wölfische Wiederbesiedelung Mitteleuropas nicht scheitern. Sie sind zäh, anpassungsfähig und intelligent. Sie betrachten die vom Menschen geformte Kulturlandschaft nüchtern und erkennen in ihr einen durchaus attraktiven Lebensraum. Das erstaunt immer noch viele Naturschützer, denen die Idee, Tieren und Pflanzen Rückzugsräume zu schaffen und Restbestände »unberührter« Natur unter eine Schutzglocke zu stellen, zur zweiten Natur geworden ist. Der Wolf braucht nur genügend wildlebende Huftiere als Beute und ein Minimum an Rückzugsmöglichkeiten zur Aufzucht seiner Jungen. Das findet er fast überall in Deutschland. Auf Nationalparks oder andere Schutzgebiete ist er nicht angewiesen. Dass ihnen die Nationalparks besonders einladend vorkommen, haben Deutschlands Wölfe bisher nicht zu erkennen gegeben. Sie meiden sie nicht, aber sie suchen sie auch nicht bevorzugt auf.

Während ich diese Zeilen Ende April 2014 schreibe, melden die Nachrichtenagenturen, dass einer Frau im Westerwald Fotoaufnahmen eines Wolfes gelungen seien. Also dort, wo zwei Jahre zuvor der erste nach mehr als 150 Jahren in diese Gegend zurückgekehrte Artgenosse von einem Jäger erschossen worden war. Der Fall, der vor dem Amtsgericht Montabaur und dem Oberlandesgericht Koblenz verhandelt wurde, hatte bundesweit Aufsehen erregt. Das Foto zeigt den »Wolf« allerdings in Gesellschaft eines Hundes. Und schließlich stellte sich tatsächlich heraus, dass der »Wolf« ein Wolfshund war. In Lothringen und in Luxemburg jedoch wurden im Frühjahr 2014 Wölfe sicher nachgewiesen, in den Vogesen wartet man auf die nächste Wolfsgeneration. Auch in

Oberbayern und im Allgäu machten sich Wölfe wieder bemerkbar.

Es scheint nun auch Bewegung und Dynamik in die wölfische Expansion zu kommen. Wer weiß, vielleicht wird in Rheinland-Pfalz, Baden-Württemberg und Nordrhein-Westfalen, in der gesamten »alten Bundesrepublik« in absehbarer Zeit niemand mehr die Wölfe als ein Phänomen sich entvölkernder Landstriche des Ostens abtun können. Das waren sie zwar nie, aber dieser Denkfigur begegnet man bis heute in den einschlägigen Medienberichten. Es wird allerdings wahrscheinlich noch Jahre dauern, bis auch in den Mittelgebirgen Westdeutschlands annähernd Verhältnisse wie in Sachsen oder Brandenburg herrschen. Und wahrscheinlich wird man über Schwarzwald oder Odenwald nie sagen können, was man über die Lausitz sagt, dass sie nämlich die europäische Region mit der größten Wolfsdichte sei. Doch zu einem normalen Bestandteil der Wildtierfauna wird er auch dort werden, wenn wir ihn lassen.

Wir befinden uns, was das Zusammenleben mit den Wölfen angeht, in einer Übergangszeit. Bis jetzt überwiegt das Staunen über dieses unerhörte Ereignis, dass im 21. Jahrhundert das große, wilde Raubtier Wolf in dichtbesiedelte Kulturlandschaften Europas zurückkehrt. Aber schon beginnt sich auch eine gewisse Wolfsroutine einzustellen. Nicht mehr jede Sichtung, nicht mehr jedes gerissene Schaf ist einen großen Zeitungsbericht wert. Was aber bedeutet es, dass der Wolf sich in unseren Alltag einschleicht?

Wölfe sind große Lehrmeister. Sie erschüttern eingeschliffene Denkmuster und machen den Kopf frei. Sie können uns zum Beispiel dazu bringen, Natur nicht nur dort wertzuschätzen, wo sie einem romantischen Ideal entspricht. Heidelandschaften, Hochmoore, Sumpfgebiete, ursprüngliche Auwälder, sie können unserer naturschützerischen Fürsorge sicher sein. Wir hegen und pflegen sie, besuchen sie als sanfte Touristen. Wir wandeln dort auf vorgeschriebenen Pfaden von Schautafel zu Schautafel oder lassen uns von Rangern führen, was die Kostbarkeit dieser »letzten Paradiese« noch unterstreicht. Es ist nichts falsch daran, solche selten gewordenen Naturräume und Ökosysteme unter Schutz zu stellen, sie pfleglich zu behandeln und sie zur Umweltbildung zu nutzen. Doch birgt die Fixierung auf diese »Reste« die Gefahr, dass man allem darum herum mit Desinteresse und Gleichgültigkeit begegnet, weil ja »der Mensch« die Natur dort ohnehin »zerstört« habe.

Was soll denn in einer »Maiswüste« überleben? Nun, Wildschweine und Wölfe zum Beispiel, und das ist ja nicht nichts. Wie reich an Schalenwild Mitteleuropa ist, haben viele Stadtmenschen wahrscheinlich überhaupt erst erfahren, seitdem dieser Reichtum in der Berichterstattung über die Wölfe regelmäßig eine Rolle spielt. Nun finden sich in dieser Hochphase wildlebender Huftiere auch die zu ihnen gehörenden großen Prädatoren wieder ein. Das ist ein natürlicher Prozess, der aber nicht bedeutet, dass »die Natur« nun wieder »intakt« sei. Dynamisch und kraftvoll allerdings zeigt sie sich trotz aller menschlichen Überformung.

Die Wölfe helfen uns, von der romantischen Illusion dieser »intakten Natur« loszukommen, indem sie uns vorführen, wie sie als hoch entwickelte, anpassungsfähige Säugetiere die unterschiedlichsten vom Menschen geprägten Lebensräume nutzen können. Dieses Phänomen ist zwar nicht ganz neu. Füchse, Wildschweine, Waschbären oder Biber zum Beispiel haben sogar Großstädte als Habitat entdeckt, zu schweigen von unzähligen Vogelarten, die mit einem Großteil ihrer Populationen zu einer urbanen Lebensweise übergegangen sind. Inzwischen hat sich auch herumgesprochen, dass in »grauer Städte Mauern« erstaunlich viel kreucht und fleucht. Dem Charismatiker Wolf jedoch haftet der Geruch der Wildnis an, seitdem in weiten Teilen Europas in Vergessenheit geraten ist, dass er vor seiner Ausrottung ein Kulturfolger war. Seine Rückkehr erst fordert die seit der Romantik tradierten Naturvorstellungen wirklich heraus. Er wirkt als kultureller Katalysator einer Abkehr von einem musealen Naturverständnis, das zur ehrfürchtigen Kontemplation vor »Naturdenkmälern« und melancholischen Betrachtungen über den »Verlust« ruft.

Es ist eine Frage der Kultur und nicht der Natur, ob Mensch und Wolf im Europa des 21. Jahrhunderts miteinander auf Dauer koexistieren können. Die Einstellung der Bevölkerung großen Beutegreifern und insbesondere dem Wolf gegenüber harrt zwar noch einer wirklich tiefer gehenden empirischen Untersuchung. Das bis jetzt vorliegende demoskopische Material lässt eine grundsätzlich wohlwollende Haltung einer Mehrheit erkennen. In den

Städten ist die Liebe zum Raubtier selbstverständlich ausgeprägter als auf dem Land, wo der Wolf ums Haus schleichen kann, aber auch im Wolfsland Lausitz sind wolfsfeindliche Mehrheiten bis jetzt nicht ermittelt worden. Vor dreißig Jahren war das Meinungsbild völlig anders. Ohne den grundsätzlichen gesellschaftlichen Meinungsumschwung unter dem Einfluss der Naturschutz- und Ökologiebewegung, gefördert durch die fortschreitende Urbanisierung, gäbe es das Thema »Rückkehr der Wölfe« nicht.

Was könnte das Zusammenleben mit Wölfen aber nun konkret bedeuten? Wie werden die Heimkehrer unser Leben verändern? Eine bequeme Antwort lautet, dass sich für die große Mehrheit der Bevölkerung gar nichts ändern wird. Sollen sich die Wölfe doch in den strukturschwachen, von Bevölkerungsschwund betroffenen Gebieten ausbreiten und den Prozess der, je nach Standpunkt, Verödung oder Renaturierung beschleunigen. Den letzten Schafe haltenden Mohikanern dort zahlt man üppige Entschädigungen für die unvermeidlichen Verluste und wartet darauf, dass sich das Problem marginaler, extensiver Landwirtschaft biologisch von selbst erledigt. Nachfolger für diese Betriebe gibt es ohnehin nicht. Ganz unabhängig von den Wölfen gilt mehr Mut zur Wildnis in der Infrastrukturpolitik zumindest als diskussionswürdige Option, gerade in urbanen Milieus. Ungeahnte Mittel würden frei, wenn man Gebiete an der Peripherie vom zivilisatorischen Versorgungsnetz nehmen könnte und vom Grundsatz der Gleichwertigkeit der Lebensverhältnisse abrückte. Naturtourismus böte einer Rest- oder temporären Neubevölkerung ökonomische Perspektiven.

Die andere, man könnte sagen dialektische Position lautet, dass die Rückkehr der Wölfe die Aufmerksamkeit und Achtsamkeit der Gesellschaft für die Kulturlandschaft stärkt. Es ist nicht mehr selbstverständlich, dass Weidevieh die Landschaft offenhält, wenn der Wolf umgeht. Aber soll man sich wegen des Wolfes mit dem kulturellen Verlust abfinden, den die Aufgabe der Weidewirtschaft bedeutete? Soll Vieh nur noch in abgeschotteten Ställen gehalten werden und nicht mehr Teil unserer Lebenswelt sein? Die Intensivierung der Tierproduktion hat die Entwicklung ja ohnehin schon weit in diese Richtung getrieben. Aber die Gegenbilder einer Natur, Mensch und Tier achtsam behandelnden Landwirtschaft brauchen Rinder und Schafe auf der Weide. Die tief in uns eingewurzelten Landschaftsbilder, die für die meisten immer noch identitätsstiftend sind, brauchen das auch.

Es geht nicht darum, zur Verteidigung der Kulturlandschaft ein gesellschaftliches Bündnis gegen den Wolf zu schmieden. Es geht darum, diese Kulturlandschaft und das Leben, Arbeiten und Wirtschaften in ihr den durch die Wölfe geschaffenen neuen Bedingungen anzupassen. Das heißt ganz banal, dass man die Weidetierhalter nicht auf den Kosten sitzen lässt, die durch die von Politik und Gesellschaft erwünschten Wölfe entstehen. Wer angesichts dieser Aufgabe reflexhaft über immer neue »Subventionen« für die Landwirtschaft zu zetern beginnt, der sollte sich einmal nüchtern die Lage von Landwirten in

Wolfsgebieten vor Augen führen. Man könnte, wenn man den Gedanken ernst nimmt, dass Naturschutz eine gesamtgesellschaftliche Aufgabe ist, sogar noch weiter gehen. Wie wir gesehen haben, ist in bestimmten Berggebieten Weidewirtschaft mit der Anwesenheit von Wölfen nur vereinbar, wenn die Herden behirtet werden. Warum soll die Allgemeinheit nicht die Kosten für das Behirten übernehmen, das ja in erster Linie eine Naturschutzleistung ist? Schafhirten im öffentlichen Dienst – die Wölfe werden uns helfen, uns auch an diesen Gedanken zu gewöhnen.

Dass Wölfe in Gebiete eindringen, die von den Menschen aufgegeben werden, das hatten wir in der europäischen Geschichte oft. Beim Rekolonisierungs-Rollback verschwanden sie wieder. Was jetzt passiert, ist etwas völlig Neues. Wir haben, von der gesellschaftlichen Mentalität und von unseren ökonomischen Möglichkeiten her die Chance, den Wolf in unsere Kulturlandschaft aufzunehmen. Dem Wolf ist dort ein artgerechtes Leben durchaus möglich, auch wenn das von manchen Politikern bestritten wird, die versuchen, aus der Aufregung um in neue Gebiete vorgedrungene Wölfe Kapital zu schlagen. Der Wolf sucht sich im Übrigen selbst aus, wo er leben möchte und wo nicht.

Vielleicht kommen wir mit Wolfes Hilfe selbst auch zu einem etwas »artgerechteren«, von naturfernen Hysterien weniger gebeutelten Leben. Für mich bilden die Wölfe, die Schafe, das Wild, die Jagd, die Stadt und das Land, Kultur und Natur nicht einen Knäuel unlösbarer Konflikte, sondern ein Bedeutungsgefüge und eine Lebenswelt, in denen ich mich, ja, wie soll man sagen, »zu Hause« fühle. Ich weiß nicht, ob mir das ohne die Wölfe so deutlich geworden wäre. Bei mir jedenfalls schärfen sie den Blick für das, was uns Menschen als Natur- und Kulturwesen ausmacht. Ist es vermessen zu glauben, dass es vielen anderen genau so geht?

Dank

Dieses Buch hätte ich nicht schreiben können ohne die anregenden und lehrreichen Gespräche mit Leuten, die sich seit vielen Jahren mit dem Heimkehrer Wolf befassen. Der Biologe und Tierfilmer Sebastian Koerner nahm mich mit auf die Kamerapirsch und verschaffte mir die erste direkte Begegnung mit wild lebenden Wölfen in Deutschland. Die Bundesförster Werner Tünsmeyer und Klaus Puffer luden mich zur Jagd beziehungsweise zur Wolfsbeobachtung nach Munster und Altengrabow ein. Elli Radinger erzählte mir, wie sie zur »Wolfsfrau« wurde. Die Schäfermeister Frank Neumann und Frank Hahnel öffneten mir nicht nur ihre Betriebe, sondern gaben mir auch Einblick in ihre Gedankenwelt und ihre widersprüchlichen Gefühle gegenüber dem Wolf. Mit dem Wildbiologen Ulrich Wotschikowsky bin ich seit vielen Jahren im Gedankenaustausch über Wild, Jagd und Wölfe verbunden. Bei ihnen allen möchte ich mich bedanken.

Literatur

Anhalt, Utz: *Die gemeinsame Geschichte von Mensch und Wolf*, Schwarzenbek 2013

Askani, Tanja: *Wolfsspuren. Die Frau, die mit den Wölfen lebt*, Baden/München 2004

Baumgartner, Hansjakob, et al.: *Der Wolf. Ein Raubtier in unserer Nähe*, Bern/Stuttgart/Wien 2011

Bayerisches Staatsministerium für Umwelt, Gesundheit und Verbraucherschutz: *Managementplan Wölfe in Bayern, Stufe 1*, München 2007

Benecke, Norbert: *Der Mensch und seine Haustiere. Die Geschichte einer jahrtausendealten Beziehung*, Stuttgart 1994

Bernard, Daniel: *Wolf und Mensch*, Saarbrücken 1983

Bloch, Günther, und Peter Dettling: *Auge in Auge mit dem Wolf*, Stuttgart 2012

Bloch, Günther, und Elli Radinger: *Affe trifft Wolf*, Stuttgart 2012

Boitani, Luigi, und David Mech: *Wolves. Behaviour, Ecology, and Conservation*, Chicago 2003

»Das Märchen vom wilden Wolf«, in: *Jäger* 2/2014
Die Rückkehr des Wolfes nach Baden-Württemberg. Handlungsleitfaden für das Auftauchen einzelner Wölfe, Stuttgart 2013
Diezels Niederjagd, Berlin 1915

Estés, Clarissa Pinkola: *Die Wolfsfrau. Die Kraft der weiblichen Urinstinkte*, München 1993
European Commission: *Status, Management and Distribution of Large Carnivores – Bear, Lynx, Wolf & Wolverine – in Europe*, Brüssel 2013

Fuhr, Eckhard: »Der Wolf geht um«, in: *Welt am Sonntag*, 10. Juli 2011
–, *Jagdlust. Warum es schön, gut und vernünftig ist, auf die Pirsch zu gehen*, Köln/Berlin 2012
–, »Politische Tiere. Die Wölfe kehren nach Deutschland zurück und polarisieren die Öffentlichkeit«, in: *Neue Gesellschaft/Frankfurter Hefte* 4/2014

Grimaud, Hélène: *Wolfssonate*, München 2005
Grzimeks Tierleben, Band 12, München 1993

Hayes, Bob: *Wölfe im Yukon*, Oberammergau 2012
Herzog, Sven: »Unbequeme Fragen«, in: *Wild und Hund* 6/2014

Hofer, Doris, und Christoph Promberger: *Ein Manage-mentplan für Wölfe in Brandenburg*, Potsdam 2004

Kalb, Roland: *Bär, Wolf, Luchs. Verfolgt, ausgerottet, zu-rückgekehrt*, Graz/Stuttgart 2007

Kaczensky, Petra: *Medienpräsenz- und Akzeptanzstudie Wölfe in Deutschland*, Freiburg 2006

Kaczensky, Petra, et al.: *Monitoring von Großraubtieren in Deutschland*, Bundesamt für Naturschutz, Bonn 2009

Kluth, Gesa, und Ilka Reinhardt: *Mit Wölfen leben. Infor-mationen für Jäger, Förster und Tierhalter in Sachsen und Brandenburg*, Spreewitz 2009

Koerner, Sebastian: Ökologie und Verhalten des Wolfes, Landesjägerschaft Niedersachsen, Hannover 2013

Kotrschal, Kurt: *Wolf, Hund, Mensch. Die Geschichte einer jahrtausendealten Beziehung*, Wien 2012

Krivy, Petra: *Herdenschutzhunde. Geschichte, Rassen, Hal-tung, Erziehung*, Stuttgart 2012

Linnell, John, et al.: *The Fear of Wolves: A Review of Wolf Attacks on Humans*, Trondheim 2002

London, Jack: *Der Ruf der Wildnis*, München 2013

–, *Wolfsblut*, München 2013

Mech, David: »Alpha Status, Dominance, and Division of Labour«, in: *Canadian Journal of Zoology*, 1999

–, *The Wolf. Ecology and Behaviour of an Endangered Spe-cies*, o. O. 1970

Meyer, Mira, und Angelika Sigl: *Wölfe. Das neue Bild vom scheuen Jäger*, Utting 2011

Miklosi, Adam: *Hunde. Evolution, Kognition und Verhalten*, Stuttgart 2011

Miller, Christine: »Kein Räuber ohne Beute«, in: *Pirsch* 6/2014

Ministerium für Landwirtschaft, Umwelt und Verbraucherschutz: *Managementplan für den Wolf in Mecklenburg-Vorpommern*, Schwerin 2010

Ministerium für Landwirtschaft und Umwelt: *Leitlinie Wolf. Grundsätze zum Umgang mit Wölfen. Handlungsempfehlungen und Managementmaßnahmen für Sachsen-Anhalt*, Magdeburg 2008

Ministerium für Umwelt, Gesundheit und Verbraucherschutz: *Wölfe in Brandenburg. Eine Spurensuche im märkischen Sand*, Potsdam 2010

Mowat, Farley: *Ein Sommer mit Wölfen*, Reinbek 2010

Musiani, Marco, et al.: *A New Era for Wolves and People. Wolf Recovery, Human Attitudes, and Policy*, Calgary 2009

–, *World of Wolves. New Perspectives on Ecology, Behaviour and Management*, Calgary 2010

Niedersächsisches Ministerium für Umwelt und Klimaschutz: *Der Wolf in Niedersachsen. Grundsätze und Maßnahmen im Umgang mit dem Wolf*, Hannover 2010

Nitze, Mark: *Schalenwildforschung im Wolfsgebiet der Oberlausitz*, Tharandt 2012

Oeser, Erhard: *Hund und Mensch. Die Geschichte einer Beziehung*, Darmstadt 2004

Okarma, Henryk: *Der Wolf. Ökologie, Verhalten, Schutz*, Berlin 1997

Pflüger, Gudrun: *Wolfspirit. Meine Geschichte von Wölfen und Wundern*, Ostfildern 2012

Plan d'action national loup 2013–2017, Paris 2013

Quammen, David: *Das Lächeln des Tigers. Von den letzten Menschenfressern der Welt*, Berlin 2006

Radinger, Elli: *Wolfsangriffe. Fakt oder Fiktion?*, Wetzlar 2013

–, *Wolfsküsse. Mein Leben unter Wölfen*, Berlin 2011

Radinger, Elli (Ed.): *Wolf Magazin 2010–2014*

Rowlands, Mark: *Der Philosoph und der Wolf. Was ein wildes Tier uns lehrt*, München 2009

Sächsisches Ministerium für Umwelt und Landwirtschaft: *Managementplan für den Wolf in Sachsen*, Dresden 2009

Schafzucht. Das Magazin für Schaf- und Ziegenhalter 2010–2014

Schefer, Irina: *Wie Wölfe mit Vertrauen führen und was menschliche Chefs davon lernen können*, München 2011

Schenkel, Rudolf: *Expression Studies on Wolves*, o. O. 1947

Schmidt, Karoline: »Der Wolf und die Not der Jäger«, in: *Die Presse*, 11. Januar 2013

Schönberger, Alwin: *Die einzigartige Intelligenz der Hunde*, München 2006

Schulze, Ulrich: »Rückkehr der Wölfe kein Schritt zurück in die Vergangenheit«, in: Ökojagd 1/2014

Stoepel, Beatrix: *Wölfe in Deutschland*, Hamburg 2004

Ulrich, Stefan: »Räuber und Gendarm«, in: *Süddeutsche Zeitung*, 19. Juli 2013

Wotschikowsky, Ulrich: »Alte Forderungen, neue Schauermärchen«, in: Ökojagd 1/2014

–, *Wölfe und Jäger in der Oberlausitz*, Rietschen 2006

–, *Wölfe und Schalenwild in der Lausitz. Die Jäger am längeren Hebel*, Ms., Oberammergau 2010

Zimen, Erik: *Der Hund. Abstammung, Verhalten, Mensch und Hund*, München 1992

–, *Der Wolf. Verhalten, Ökologie und Mythos*, München 1990

Internetseiten:

Gesellschaft zum Schutz der Wölfe:
www.gzsdw.de

Gruppe Wolf Schweiz:
www.gruppe-wolf.ch

Freundeskreis freilebender Wölfe:
www.wolf-forum.de

Kontaktbüro Wolfsregion Lausitz:
www.wolfsregion-lausitz.de

Verein CHWOLF:
www.chwolf.org

Wolfcenter Dörverden:
www.wolfcenter.de

Wolfsmonitor:
www.wolfscout.de

Wolfsite. Forum Isegrimm:
www.woelfeindeutschland.de

MORE THAN HONEY

Die Biene ist immer mehr zu einem Indikator für den Gesundheitszustand der Umwelt geworden. Denn Bienen tragen mehr zu unserer Ernährung und unserem Wohlergehen bei als jedes andere Lebewesen. Jack Mingo vermittelt einen faszinierenden Einblick in ihr Lebenssystem und wartet mit einer Fülle von überraschenden Fakten über den pelzigen Freund auf.

ISBN 978-3-570-50180-1

RIEMANN
VERLAG

WWW.RIEMANN-VERLAG.DE

Um die ganze Welt des
GOLDMANN-*Sachbuch*-Programms
kennenzulernen, besuchen Sie uns doch
im Internet unter:

www.goldmann-verlag.de

Dort können Sie
nach weiteren interessanten Büchern *stöbern*,
Näheres über unsere *Autoren* erfahren,
in *Leseproben* blättern, alle *Termine* zu Lesungen und
Events finden und den *Newsletter* mit interessanten
Neuigkeiten, Gewinnspielen etc. abonnieren.

Ein *Gesamtverzeichnis* aller Goldmann Bücher finden
Sie dort ebenfalls.

Sehen Sie sich auch unsere *Videos* auf YouTube an und
werden Sie ein *Facebook*-Fan des Goldmann Verlags!